LA VIE DES PLANTES

PAMIERS. — IMPRIMERIE TYPOGRAPHIQUE J. GALY.

12, RUE MAJOR. 12.

LA VIE DES PLANTES

MANUEL

D'AGRICULTURE, DE VITICULTURE ET D'ARBORICULTURE

LE JARDIN FRUITIER, LE JARDIN POTAGER

AVEC QUELQUES MOTS

SUR LE JARDIN D'AGRÉMENT ET LA COMPTABILITÉ AGRICOLE

POUR

LES ÉLÈVES DES ÉCOLES

ET TOUS CEUX QUI VEULENT ÉTUDIER LES DIVERSES CULTURES DU SOL

Par ADRIEN RIGAL

ANCIEN PROFESSEUR DÉPARTEMENTAL D'AGRICULTURE DE L'ARIÉGE

Président du Comice Agricole de l'Arrondissement de Pamiers

PAMIERS

IMPRIMERIE TYPOGRAPHIQUE DE J. GALY

1889

PRÉFACE

La plupart des ouvrages d'Agriculture, de Viticulture et d'Arboriculture trop scientifiques ne sont pas à la portée de toutes les intelligences.

D'autres n'offrent que des notions vagues et incomplètes très difficiles dans l'application.

Comme le personnel de la ferme doit avoir des occupations bien échelonnées pendant toute l'année, la vigne doit tenir une place dans les cultures et le jardin fruitier est indispensable.

Il m'a semblé qu'un ouvrage qui mènerait de front l'étude de ces travaux lucratifs et d'agrément, qui se combinent ensemble pour arriver à une économie de temps et de travail, pourrait être utile surtout à ceux qui veulent sortir de la routine, et se rendre un compte exact de tout ce qu'il y a de mieux à faire pour obtenir un résultat avantageux avec le prix de revient le moins élevé.

J'ai cherché à mettre ces notions à la portée des jeunes gens des écoles auxquels ce livre est destiné.

J'ai cru devoir présenter ces conseils sous forme de causerie afin d'être autorisé à en rendre l'expression plus simple, presque banale quelquefois, mon but, avant tout, étant d'être compris.

Pamiers, le 2 mars 1889.

ADRIEN RIGAL.

INTRODUCTION

AUX JEUNES GENS !

Quand aux vacances vous rentrez chez vos parents et que le soir, en prenant le frais, vous entendez dire que la récolte a été bonne, que les vignes sont chargées de raisins et, qu'en outre, vous pouvez tous les jours, savourer à votre aise les fruits du jardin, vous éprouvez une satisfaction d'autant plus grande que, l'année précédente, tout avait manqué et que vous aviez eu à subir de nombreuses privations.

Sans doute, il est des fléaux tels que la gelée et la grêle dont on ne peut se mettre à l'abri ; mais c'est un cas exceptionnel et souvent la récolte a été mauvaise parce que le sol avait été mal préparé.

Les vignes n'ont pas donné de raisins parce que non seulement elles ont été mal taillées, mais qu'on a négligé tous les soins qu'elles réclament. Vos fruitiers mal dirigés sont devenus stériles.

Tous ces mécomptes peuvent être évités. Est-ce que vous ne vous trouveriez pas satisfaits, quand on vous laissera la direction des diverses cultures, de prouver que vous êtes à la hauteur de cette nouvelle tâche ?

Si la pratique qui résulte d'une longue observation des faits, est un précieux élément de succès, elle est loin de suffire, car, pour bien les apprécier et les coordonner il faut une étude approfondie des lois de la végétation ; ce n'est que lorsque vous saurez bien comment les Plantes vivent que vous pourrez leur fournir tous les éléments nécessaires à leur développement et à leur fructification.

Je vous propose donc d'étudier avec moi LA VIE DES PLANTES.

Il faudra examiner d'abord les milieux dans lesquels elles naissent, croissent et fructifient.

Je ne veux pas chercher à vous effrayer par trop de science : d'abord parce que je ne suis pas savant, et ensuite parce que je n'ai qu'un but : c'est de mettre sous vos yeux, avec la plus grande simplicité possible, les résultats de ma longue expérience et le résumé de mes études de tous les jours.

La plante vit dans la terre et dans l'air avec l'aide de l'eau et de la chaleur.

Avant de jeter notre graine, examinons donc les conditions les plus favorables à sa germination et à sa croissance.

LA VIE DES PLANTES

I

L'Air.

L'air est invisible parce qu'il est transparent et presque incolore. Cependant, si la couche devient très épaisse, il paraît bleu et c'est la coloration de l'air en bleu qui forme l'azur du Ciel.

L'air est en même temps une substance matérielle, puisque lorsque vous agitez vivement votre main, vous éprouvez une résistance et que, dans le vol de l'oiseau, il sert d'appui à ses ailes.

Un grand vent n'est que de l'air en mouvement.

Ce mouvement a pour cause la différence de température de l'air en certains lieux : l'air chaud étant plus léger que l'air froid, tend toujours à monter et le vide qui s'opère est comblé par l'air froid qui se précipite avec plus ou moins de violence pour le remplacer ; de là, suivant la température plus basse ou plus élevée dans certains lieux, des vents plus ou moins impétueux.

Le poids de l'air est de 1 gramme, 3 décigrammes par litre.

Celui de l'eau est de un kilogramme.

La voûte azurée du ciel, qui couvre la terre et les mers, forme l'atmosphère.

Si, au moyen d'un aérostat, on s'élève à une grande hauteur, le bleu de la voûte céleste se rembrunit et finit par faire place à une teinte presque noire ; la température s'abaisse rapidement et si l'on monte trop haut, le malaise devient excessif et la mort peut s'ensuivre.

A une grande hauteur, en plein jour, on voit les étoiles... et puis ? l'immensité !

La terre est donc entourée d'air ; dans cet air, qui nous fait vivre, on trouve deux éléments bien distincts : *l'Oxygène et l'Azote.*

L'oxygène qui entre dans la composition de l'air pour 77 parties sur 100, est un gaz dont la propriété la plus remarquable est d'activer d'une manière surprenante la combustion des corps.

C'est par l'oxygène qu'il contient que l'air peut entretenir la respiration ; mais en revanche, il brûle et décompose toutes les matières organisées qui ne peuvent être conservées qu'en prenant tous les moyens pour les soustraire au contact de l'air.

L'azote, qui n'entre dans la composition de l'air que pour 23 parties sur 100, est un gaz invisible comme l'oxygène et n'a ni odeur, ni couleur, ni saveur appréciable. Il ne peut entretenir ni la combustion, ni la respiration.

Il remplit dans l'air un rôle compensateur indispensable. Il tempère l'action de l'oxygène, qui seul, agirait sur les animaux et sur les plantes avec tant d'énergie que la vie serait restreinte dans des limites très étroites.

Outre l'oxigène et l'azote, l'air peut encore contenir plusieurs autres substances qu'on appelle ordinairement les éléments variables de l'air : de l'eau, de l'acide carbonique, une petite quantité d'ammoniaque, des matières solides diverses, soit à l'état de poussière, soit en dissolution dans l'eau atmosphérique, des matières diverses de nature miasmatique provenant de la décomposition putride des animaux et des plantes.

Le charbon, contenu dans l'atmosphère, se combine avec l'oxygène pour donner naissance à une substance nouvelle sans couleur et sans odeur, c'est : l'*Acide carbonique*.

Nous devons faire connaissance d'une manière toute particulière avec ce gaz qui joue un grand rôle dans la vie des animaux et des plantes.

Au-dessus du four à chaux, vous voyez sortir une fumée grisâtre, n'approchez pas trop, vous seriez asphyxiés.

Quand une cuve est en fermentation, le même gaz s'en échappe ; voyez cette lumière qui vient de s'éteindre, là où elle ne peut plus brûler, vous ne pourriez pas vivre.

Et cependant nous sommes nous-mêmes un réservoir d'acide carbonique et c'est la respiration de l'homme et des animaux qui en déversent continuellement dans l'air.

Essayons de bien comprendre comment ce gaz se forme dans notre corps.

Pendant l'acte de la respiration, nous laissons entrer dans nos poumons un certain volume d'air qui en sort ensuite après un séjour de quelques instants.

Cet air, en passant dans notre corps, enlève par son oxygène une partie du carbone du sang noir ou veineux pour le transformer en sang rouge ou artériel.

Dans cette opération, il s'opère en nous une combustion et par suite une abondante production d'acide carbonique.

C'est cette combustion qui contribue à entretenir la chaleur naturelle dont nous avons besoin, ainsi que les animaux, pour vivre. Aussi pendant l'hiver, notre corps plus refroidi à l'extérieur, a besoin, pour jouir d'une température normale, d'un foyer intérieur plus continu et c'est ce qui nous oblige à consommer plus d'aliments en hiver qu'en été.

L'atmosphère ne contient qu'une petite proportion d'acide carbonique ; un litre sur deux mille litres d'air.

A mesure qu'il en contient davantage, on éprouve du malaise et, au-dessus de un pour cent, la mort peut s'ensuivre.

Et cependant la proportion d'acide carbonique de l'air est augmentée soit par la combustion, la respiration animale, la décomposition des matières organiques, les sources gazeuses et l'éruption des volcans qui en vomissent des torrents.

Comment, dans de pareilles conditions, l'homme et les animaux peuvent-ils vivre ?

Ne vous effrayez pas, le Créateur a tout prévu :

Il existe une cause naturelle, d'une grande puissance qui tend sans cesse à diminuer la proportion d'acide carbonique de l'atmosphère, cette cause c'est : *La Végétation.*

Dans leurs parties vertes, sous l'influence de la lumière du soleil, les plantes absorbent ce gaz et le décomposent : elles s'emparent du carbonne qu'elles gardent et mettent l'oxygène en liberté, et comme il resterait encore dans l'air une trop grande abondance d'acide carbonique, une grande quantité de ce gaz charrié de l'atmosphère à la mer par les pluies et les eaux courantes, sert aux plus humbles populations de la mer, les coquillages qui l'habillent de calcaire, solidifient le gaz carbonique en excès, le transforment en pierre et le dérobent pour jamais à l'atmosphère.

Enfin, puisque je parle de l'acide carbonique, je crois devoir vous signaler les cas où il peut être dangereux pour la santé :

Il est très facile de comprendre que lorsque les lieux de réunion sont chauffés ou éclairés artificiellement, la combustion des matières qui servent à cet usage produit une énorme quantité d'acide carbonique qui altère la pureté de l'air.

Il y a danger quand cette production est trop grande,

voyez : un kilogramme de charbon en brûlant suffirait pour convertir en acide carbonique la totalité de l'oxygène de plus de 11 mètres cubes d'air et comme il suffit que le quart de l'oxygène de l'air soit converti en acide carbonique, pour qu'il soit devenu impropre à la respiration, il en résulte que, dans un lieu clos, un kilogramme de charbon rendrait asphyxiables environ 45 mètres cubes d'air, c'est-à-dire tout l'air d'une chambre de 5 mètres de longueur, 4 mètres de largeur et 2 mètres 25 de hauteur.

L'acide carbonique est beaucoup plus lourd que l'air et par suite tend à occuper la partie inférieure si l'agitation ne le dissémine pas partout.

Dans la Grotte du Chien, à Naples, un homme debout peut impunément se promener, tandis qu'un chien de moyenne taille y périt bientôt asphyxié.

Et maintenant, il ne vous sera pas difficile de comprendre que le plus souvent, lorsque dans les étables il périt des animaux, au lieu d'attribuer ces pertes à des causes plus ou moins absurdes, il suffirait d'aérer les étables pour n'avoir plus rien à craindre.

Il faut avant tout faire évacuer l'énorme quantité d'acide carbonique dégagé par la respiration.

De l'air dans vos étables et de l'eau pure pour abreuver vos animaux rendront rares les visites du vétérinaire.

Il résulte de cela que pour maintenir l'air d'une habitation close, destinée à l'homme ou aux animaux, dans des conditions telles que la respiration puisse s'y effectuer avec la même sécurité et le même sentiment de bien-être qu'en plein air, il faut mettre, à la disposition de chaque individu une ration d'air déterminée, par une opération que l'on désigne sous le nom de : *Ventilation*.

Toute ventilation suppose deux ouvertures, l'une destinée

à l'introduction de l'air du dehors, l'autre à l'évacuation de l'air intérieur plus ou moins vicié.

L'air chaud, plus léger que l'air froid, tendra à s'élever et l'air du dehors à s'introduire pour le remplacer, et le même effet se produisant incessamment, il s'établira un courant continu qui déterminera le renouvellement de l'air.

Si l'air du dehors est plus chaud, le courant s'établira en sens inverse et l'air tendra à s'écouler par la porte ou par la fenêtre.

II

L'Eau.

D'où vient cette pluie bienfaisante qui rafraîchit la terre desséchée par le soleil et apporte la vie aux plantes flétries ? D'où vient cette neige qui l'hiver couvre la terre d'une couche blanche ? D'où viennent ces orages qui nous effrayent à si juste titre et qui vomissent ces grêles si désastreuses pour nos campagnes ?

Tout cela vient de la mer et y retournera.

Tout cela vient de la mer, réservoir inépuisable, qui recouvre de ses eaux une étendue trois fois plus grande que celle de tous les continents réunis et où tous les cours d'eau de la terre vont se jeter sans jamais la combler.

L'énorme surface de la mer fournit à l'air ses vapeurs et ses nuages ; plus tard ces nuages se résolvent en pluie, et chassés par le vent, voyagent comme d'immenses arrosoirs au-dessus de la terre qu'ils fécondent.

A leur tour, les pluies, les neiges donnent naissance aux fleuves qui charrient leurs eaux à la mer ; il s'effectue de la sorte un courant continuel qui, né de la mer, retourne à la mer.

La mer est donc le réservoir commun des eaux.

Mais tout cela demande des explications que je vais essayer de vous donner :

Dans des conditions d'une température moyenne, une nappe d'eau laisse, en vingt-quatre heures, évaporer un *litre* d'eau par *mètre carré* de surface.

Vous voyez, de suite, quelle est l'immense quantité d'eau que l'atmosphère doit recevoir journellement par l'évaporation des océans, des diverses nappes d'eau douce, les fleuves, lacs, marécages, etc.

Par suite d'un équilibre providentiel entre l'évaporation qui transporte l'eau dans l'atmosphère et la condensation qui la fait redescendre, l'eau tombe soit en gouttes de pluie, en flocons de neige ou en grêle portée par les vents tantôt d'un côté, tantôt d'un autre, si bien que toute accumulation des eaux aériennes devient impossible.

Quand à la suite d'un refroidissement survenu dans les hauteurs de l'air, les vapeurs ont atteint un degré suffisant de condensation, des gouttelettes de pluie se forment et tombent par leur propre poids. Elles augmentent de volume en route par la réunion d'autres gouttelettes et elles arrivent d'autant plus grosses qu'elles viennent de plus haut.

Un courant d'air doit être d'autant plus chargé d'humidité qu'il a balayé sur son trajet une nappe d'eau plus étendue et d'une température plus élevée.

Le vent du Sud qui glisse sur la Méditerranée, doit être généralement pluvieux.

Il en est de même du vent d'Ouest qui passe sur l'Atlantique.

Mais le vent d'Est, qui, avant d'arriver jusqu'à nous, ne rencontre sur son trajet que les contrées centrales de l'Europe, est généralement sec.

Quant au vent du nord, il est sec et froid parce qu'il nous arrive des régions glacées septentrionales.

Serein. — En été, surtout dans les vallées profondes et humides, il tombe quelquefois, un peu après le coucher du soleil et sans nuages au ciel, une petite pluie extrèmement fine qu'on appelle serein. Cette pluie résulte de la condensation que la disparition du soleil provoque dans l'air des vallées chargées d'humidité.

Ai-je besoin d'ajouter que cette humidité, échauffée pendant le jour par le soleil, était devenue légère et avait monté et qu'après sa disparition, la température ayant baissé, elle est devenue plus lourde et est redescendue.

Verglas. — Si pendant une pluie fine, il règne à la surface du sol une température inférieure à zéro, la pluie se congèle en touchant la terre et couvre tous les objets et le sol lui-même d'une sorte de vernis de glace qu'on appelle verglas.

Neige. — La neige doit, comme la pluie, son origine aux vapeurs atmosphériques. Lorsque le refroidissement de l'atmosphère est assez vif, les vapeurs au lieu de se liquéfier et de s'assembler en gouttes de pluie, se congèlent et se groupent en cristaux de neige très réguliers par un temps calme mais déformés et brisés par leur choc mutuel quand souffle un vent trop fort.

Si en descendant, elle traverse des couches d'air moins froides, elle se résout en pluie avant d'atteindre le sol.

C'est ce qui vous explique comment il neige sur les montagnes tandis qu'il pleut dans la plaine.

Vous avez pu voir même en été des pics élevés couverts d'une neige toute récente.

Vous comprendrez parfaitement que si cette neige n'est pas arrivée jusqu'à la plaine, c'est qu'elle a traversé un espace où la température très élevée l'a immédiatement fondue.

Pendant les grands froids de l'hiver, lorsqu'une couche de neige un peu épaisse couvre la terre, elle joue le rôle d'un écran qui s'oppose aux effets du rayonnement nocturne c'est-à-dire à la perte de chaleur subie par la terre au profit des espaces célestes plus froids.

La neige constitue ainsi une couverture très favorable aux racines des arbres et aux graines semées à la fin d'automne.

La température du sol sous la neige est toujours plus élevée que celle de l'air qui est au-dessus.

Grésil. — On entend par grésil une variété de neige composée de petits grains opaques, de grosseur intermédiaire entre les flocons de neige ordinaire et la grêle.

Origine des Sources. — Dans toutes les grandes chaînes de montagnes, d'immenses quantités de neige s'entassent et forment des glaciers.

Tous les cours d'eau, les plus importants surtout, sont alimentés par la fusion lente des neiges accumulées toute l'année sur les montagnes élevées.

Les eaux provenant de cette fusion, s'infiltrent en minces filets dans le sol, se réunissent sous terre et vont sourdre au loin en sources abondantes qui deviennent bientôt des rivières et des fleuves par leur jonction avec d'autres sources pareilles.

La Grêle. — La vapeur des nuages au lieu de se condenser en gouttes de pluie, prend quelquefois à la suite d'un vif refroidissement survenu dans les hauteurs de l'air, la forme de noyaux de glace durs et transparents qu'on appelle grêlons.

Leur grosseur varie depuis celle d'un pois jusqu'à celle

d'un œuf de poule ; les nuages qui les produisent sont d'une étendue et d'une épaisseur considérables ; ils sont presque toujours précédés d'un bruit sourd particulier qu'on attribue au choc mutuel des grêlons chassés par la violence du vent.

En un instant les récoltes foulées, hachées, jonchent le sol, les arbres sont dépouillés de leurs fleurs, leurs fruits et leurs feuilles.

Les animaux mêmes, qui ne trouvent pas de refuge, peuvent être tués. Un orage peut en un instant détruire et anéantir nos plus belles récoltes.

La Rosée. — Tous les objets placés à la surface du sol et le sol lui-même, se refroidissent pendant la nuit, surtout les objets de couleur sombre, la terre végétale, l'écorce des arbres, les feuilles, les pierres, etc.

La vapeur invisible de l'air se dépose sur ces corps et forme ce qu'on appelle la *rosée.*

La rosée ne se forme pas quand le ciel est couvert de nuages qui interposés dans l'atmosphère entravent le rayonnement vers les espaces célestes, cause du refroidissement nocturne, et ajoutent une enveloppe protectrice à celle de l'air.

La rosée est donc d'autant plus abondante que le ciel est plus serein.

Givre. — Si le refroidissement nocturne est suffisant pour congeler la rosée, celle-ci se dépose sous forme de petites aiguilles de glace qu'on appelle *givre.*

Dans les matinées humides d'hiver, les arbres sont couverts d'innombrables houppes blanches miroitantes : c'est le givre.

Le matin quand à votre réveil vous voyez sur les carreaux de vos fenêtres, dans l'intérieur de l'appartement, des cristallisations en forme de palmes ou de feuilles de fougère, c'est que la nuit a été froide et sereine et que l'air humide de l'appartement s'est condensé et congelé sur les vitres refroidies par le rayonnement nocturne.

La Glace. — L'eau à l'état gazeux est de la vapeur, à l'état liquide de l'eau, à l'état solide de la *glace.* Elle est dite solide lorsque les particules, qui la composent, adhèrent ensemble.

Suffisamment chauffée, la glace redevient liquide, de même que l'eau, sous l'influence de la chaleur, passe à l'état gazeux, c'est-à-dire se transforme en vapeurs.

Presque toutes les substances se contractent en se solidifiant et occupent à l'état solide moins de place qu'à l'état liquide. L'eau fait tout le contraire, en se congelant, elle se dilate.

Les vases pleins d'eau se brisent quand il gèle, les tuyaux de conduite des fontaines sont fendus, les bassins en maçonnerie crevassés. Des canons de bronze remplis d'eau et solidement bouchés, se déchirent comme de minces tuyaux quand on les expose à la rigueur du froid. Les rochers les plus durs, s'ils emprisonnent de l'eau dans quelque fente, se brisent par la gelée.

Rien ne résiste à la force expansive de la glace.

La glace plus volumineuse que l'eau est par cela même plus légère et c'est la cause qui la maintient flottante à la surface de l'eau ; s'il en était autrement, les populations aquatiques seraient condamnées à une destruction certaine dans les pays où l'hiver est rigoureux, parce que l'eau finirait par être gelée dans toute son épaisseur,

C'est ainsi que Dieu, qui a créé les poissons qui peuplent les fleuves, les lacs, les étangs, leur a assuré un refuge sous la glace qui en flottant sur l'eau, la couvre d'une couche plus ou moins épaisse ; il sont ainsi à l'abri des atteintes du froid.

Dans les régions intertropicales, les rayons solaires arrivent d'aplomb et la température est très élevée.

Dans les régions polaires, ils arrivent obliquement et la température est très basse.

Mais entre l'équateur et les pôles, par l'intermédiaire de la glace et de l'eau, il s'effectue un échange constant de température.

Dans l'Océan Atlantique, un courant d'eau chaude partant de l'équateur et surtout du golfe de Mexique, se dirige vers le pôle nord.

Un autre courant d'eau froide et même de glace, partant des régions polaires, se dirige vers les mers équatoriales.

Ces eaux réchauffées sous un soleil torride remontent vers le nord et font fondre les glaces de la Norwège, de la Laponie et du Groenland. Elles forment au pôle une mer libre de glaces où pululent des légions de poissons et d'oiseaux aquatiques qui y passent l'été.

Ce courant tiède fait éclater les bancs de glace et leurs débris, comme une flotte féerique composée de montagnes de cristal, s'acheminent vers le sud où, fondues par le soleil, elles sont transformées en eau.

La découverte des courants marins n'a pas été utile seulement pour expliquer la douceur et l'uniformité de certains climats, mais elle a rendu de grands services à la navigation en lui indiquant des routes maritimes plus courtes que les anciennes.

Le navire qui de New-York se rend à San Francisco, en passant par le Cap-Horn, effectue le trajet en 140 jours au lieu de 160.

De Liverpool en Australie, la traversée n'est plus que de 100 jours au lieu de 120.

Dix jours suffisent pour se rendre de Rio-de-Janeiro à New-York,

III

LA TERRE

L'étude de la géologie nous prouve que la terre n'a pas toujours été ce qu'elle est aujourd'hui.

Il paraît certain que la terre actuellement habitée a été autrefois sous les eaux de la mer et que ces eaux étaient supérieures aux sommets des plus hautes montagnes puisqu'on y trouve des productions marines et des coquilles qui sont les mêmes que les coquillages vivants.

Quand on voudrait supposer que dans le déluge universel tous les coquillages auraient été enlevés du fond des mers et transportés sur toutes les parties de la terre, comme on trouve ces coquillages incorporés et pétrifiés dans les marbres et dans les roches des plus hautes montagnes, il faudrait supposer que ces marbres et ces roches ont été formés en même temps, ce qui n'est pas admissible.

On ne peut douter que les eaux de la mer n'aient séjourné sur la surface de la terre que nous habitons ; les couches de différentes matières qui composent la terre étant posées parallèlement, il est clair que cette position est l'ouvrage des eaux qui ont amassé et accumulé peu à peu toutes ces matières.

Dans les plaines, ces couches sont exactement horizontales.

Dans les montagnes, elles sont inclinées. Comme ayant été formées par des sédiments déposés sur une base inclinée.

Des matières plus pesantes sont posées sur des matières plus légères et si elles avaient été dissoutes en même temps, les plus pesantes seraient toujours en bas suivant l'ordre relatif à leur pesanteur particulière.

Les secousses que la chaleur centrale du globe a, de tout

temps, imprimées à l'écorce terrestre, ont formé les Continents et leur émersion du sein des eaux.

L'écorce terrestre, se compose donc de deux ordres de roches correspondant à la double action de l'eau et du feu.

Les unes sont remontées à l'état de fusion de l'intérieur de la terre, les autres se sont formées au fond des mers avec des débris de toute nature charriés et mélangés par les eaux.

On donne aux premières le nom de roches éruptives pour rappeler qu'elles ont fait irruption à l'état fluide du sein du Globe à la surface : ce sont les roches Plutonniennes.

Les secondes s'appelent roches de sédiment parce qu'elles sont formées avec les dépôts de matières minérales au sein des eaux : ce sont les roches Neptuniennes.

Une puissance irrésistible qui ronge les montagnes et démolit les continents, c'est l'action continuelle de l'air, de l'eau et du froid.

Une masse compacte s'imbibe d'humidité à la surface. La gelée arrive et, par la dilatation de la glace formée dans les moindres interstices, détermine en tous sens des miliers de gerçures.

Au dégel la superficie du bloc tombe en écailles ; l'humidité et le froid reviennent ; de nouvelles dégradations se continuent ainsi jusqu'à ce que le bloc soit entièrement réduit en fragments, en parcelles et enfin en poudre.

Ces débris arrachés aux pentes des montagnes, finissent par glisser dans le fond des vallées.

Les cailloux roulés, les sables, les limons et la terre arable n'ont pas en général d'autre origine.

La terre végétale se compose donc de débris de toute nature entraînés par les eaux.

Son rôle dans l'acte de la végétation est très simple :

elle agit comme un massif spongieux qui abrite les racines du végétal, les retient fixement sans les meurtrir et forme le réservoir de l'eau, des fluides et des divers sels destinés a être absorbés par elles.

C'est une agglomération confuse de particules de toutes sortes de roches désagrégées ou décomposées.

Le chevelu des racines se glisse entre leurs interstices, s'y fait place à mesure qu'il grossit, et y puise les substances nutritives qui s'y sont infiltrées.

Il faut donc que la terre ne soit pas trop consistante car autrement les plantes et leurs aliments ne pourraient y pénétrer et s'y mouvoir facilement.

Il faut cependant qu'elle le soit suffisamment sans quoi les plantes n'obtiendraient pas une stabilité suffisante et sans quoi aussi les liquides passeraient au travers sans s'y arrêter et sans profit pour la végétation.

Mais le rôle de la terre à l'égard des végétaux est tellement passif, qu'elle ne leur abandonne rien de sa propre substance.

On a fait germer des plantes dans du sable blanc parfaitement pur et, moyennant un arrosage convenable, elles s'y sont parfaitement développées.

Les Plantes vivent donc dans l'air et la terre n'est pour elles qu'un soutien et un garde-manger.

On conçoit, d'après cela, que la terre présente d'assez notables différences suivant la position où elle se trouve.

Celle qui est portée de loin par une rivière, se compose presque toujours de parties fines et onctueuses et convient aux céréales et aux herbages.

La terre qui est sur les plateaux à une grande élévation, provient ordinairement de la décomposition de la roche même, elle est grossière et propre aux forêts.

Sur la pente des plateaux, l'eau pluviale entraînant les particules les plus fines du terrain, il ne reste plus que les parties sèches et caillouteuses ; ce sont des terrains à vignes.

D'après cela, on doit pressentir que les variétés essentielles fournies par la terre, sont analogues aux variétés offertes par les roches qui garnissent la surface du Globe.

Mais on doit comprendre aussi qu'il est rare de rencontrer des variétés de terre dans un état parfaitement homogène et sans mélange, surtout dans les vallées.

En distinguant les terres par le nom de la substance minérale qui prédomine dans leur composition, on peut les classer en cinq espèces : les terres volcaniques, les terres granitiques, les terres calcaires, les terres siliceuses et les terres argileuses.

Nous ne nous occuperons que des trois dernières.

Les terres calcaires ne contenant que de la chaux entièrement pure, sont assez rares. On peut citer cependant les Sablons de la Touraine qui sont un sable uniquement composé de détritus de coquilles anciennement broyées et pulvérisées par les eaux de la mer. La plupart du temps, ces sortes de terres sont mêlées à une petite quantité d'argile.

Les terres siliceuses, dans leur état le plus pur, ne sont autre chose que des sables. Elles proviennent presque toujours de la décomposition des roches à grès. Convenablement arrosées, elles deviennent fertiles. Les bruyères paraissent être la plante qui y réussit le mieux ; leurs détritus mêlés avec le sable forment ce qu'on appelle la *terre de bruyère*.

Souvent ces sables ou graviers se trouvent mélangés avec une grande quantité d'argile ferrugineuse ou calcaire qui leur donne plus de consistance et leur permet de retenir l'eau.

Ce sont alors d'excellentes terres.

On désigne sous le nom de terres glaises celles qui sont composées d'argiles pures ; elles sont tellement dures et impénétrables à l'eau que, seules, elles ne sont pas cultivables.

Mais presque toujours, surtout lorsqu'elles proviennent du charriage des rivières, elles sont mêlées avec du sable et du calcaire et forment ainsi la base des grandes exploitations agricoles.

Les matières animales et végétales en décomposition forment sous le nom d'HUMUS un aliment très essentiel pour les plantes.

Il existe, dans les profondeurs du sol, des terres appelées MARNES qui sont par elles-mêmes entièrement stériles et possèdent, fort rarement, les qualités requises pour la terre végétale.

Mais, mélangées en quantité convenable avec cette dernière, elles fournissent le moyen de corriger ses défauts et de lui donner les vertus qu'elle n'avait pas auparavant.

Les marnes sont essentiellement composées de calcaire, de sable et d'argile en proportions très variables pour chacun de ces éléments. Presque toujours l'un ou l'autre d'entr'eux domine, c'est ce qui fait qu'on les divise en marnes calcaires, marnes sableuses et marnes argileuses.

Naturellement l'agriculteur doit connaître la nature de son terrain avant de décider quelle marne il doit employer; s'il a affaire à un terrain trop argileux et trop dur, il le modifiera avec de la marne calcaire et sableuse.

Si au contraire la terre végétale est trop meuble et trop légère, contenant avec excès du calcaire et du sable, il corrigera ce défaut en y introduisant de la marne argileuse.

Le calcaire jouit, en outre, de la propriété d'activer puissamment la décomposition de l'humus en rendant ses principes solubles et propres à pénétrer dans l'intérieur des végétaux.

Dans un terrain calcaire trop prompt à dévorer l'humus, la marne argileuse paralyse cette ardeur et le conserve.

Il est donc bien facile de comprendre que le marnage rendant solubles tous les éléments qui se trouvent dans le sol à l'état inerte, si on ne lui fournit pas de nouveaux aliments, il devient stérile.

C'est ce qui a fait dire que la marne enrichit le père et ruine les enfants.

Cela est vrai si le père a retiré tout ce que le sol pouvait produire sans lui donner de nouveaux éléments de fertilité.

Pour m'expliquer plus clairement, je dois ajouter :

Avec la marne vous aurez de superbes récoltes qui pourront se continuer, si vous fumez largement.

IV

ÉLÉMENTS QUI SONT NÉCESSAIRES AUX PLANTES

Nous avons dit plus haut que les plantes vivaient dans l'air et que la terre n'est pour elles qu'un soutien et un garde-manger.

Nous venons aussi de voir qu'une terre trop légère, non seulement ne pourrait pas soutenir les plantes, mais encore ne saurait, à cause de sa porosité, conserver aucun élément en réserve.

Que les terrains trop compactes non seulement empêcheraient les racines de s'étendre, mais encore ne se laisseraient pas pénétrer par les aliments essentiels.

Nous avons reconnu en outre que le calcaire était indispensable pour rendre solubles les éléments qui sans lui resteraient dans le sol à l'état inerte.

Donc toute terre, pour devenir fertile, doit posséder dans les proportions nécessaires, de l'argile, de la silice et du calcaire.

Dans ces conditions, elle formera une assise solide pour les plantes et conservera les substances qui doivent être tenues en réserve pour leur nourriture.

Quelles sont ces substances et comment peut-on les connaître ?

C'est par l'analyse que l'on peut découvrir les divers éléments que la plante a puisés dans le sol ou dans l'air et qui la composent nécessairement.

Qu'est-ce que l'analyse ?

On donne généralement en chimie le nom d'analyse à l'ensemble des opérations et des épreuves auxquelles on a recours pour déterminer la nature et les proportions des diverses substances qui constituent la matière dont on fait l'examen.

Au moyen d'opérations, qui nécessitent un laboratoire de chimie, et dont je ne puis vous parler ici, on parvient à décomposer les plantes soumises à l'examen et à reconnaître un à un l'ensemble des éléments qui les composent.

Mais pour bien vous faire comprendre ce que c'est qu'une analyse, nous allons en faire ensemble deux bien simples :

On nous a donné deux boules, une de sucre, l'autre de cire ; toutes deux contiennent un mélange de graines de diverse nature. Nous voulons savoir quelle est la quantité de sucre dont se compose la première, ainsi que le poids de chacune des graines qui y sont en mélange.

De même pour la seconde, le poids de la cire et des diverses graines.

Première opération. — *Boule de sucre.* — Nous pesons d'abord exactement la boule et puis nous la faisons fondre dans l'eau. Toutes les graines qu'elle contenait sont mises en liberté.

Nous les pesons chacunes séparément et puis nous additionnons ces divers poids qui nous donnent le total du poids des graines.

Comme le poids total de la boule se composait du poids des graines et du poids du sucre, en retranchant du poids total, trouvé avant l'opération, le poids des graines, le reste représentera le poids du sucre.

Deuxième opération. — *Boule de cire.* — Nous procèderons absolument de la même manière que pour la première opération, seulement au lieu d'avoir recours à l'eau nous aurons recours au feu et, après avoir pesé la boule, nous la ferons fondre.

La première pesait 50 grammes.

Nous avons trouvé : pois, 6 grammes ; haricots, 8 grammes ; maïs, 7 grammes ; lentilles, 4 grammes. Total : 25 grammes. — 25 gr. ôtés de 50 gr., donnent 25 grammes qui sont le poids du sucre.

La seconde pesait 60 grammes.

Nous avons trouvé : pois, 5 gr.; haricots, 7 gr.; lentilles, 3 gram. Total : 15 grammes. — 15 gr. ôtés de 60 gram. donnent 45 gram. qui sont le poids de la cire.

Vous comprenez à peu près ce que c'est qu'une analyse. Il est inutile que je vous parle des analyses chimiques qui procèdent au moyen de pratiques spéciales qu'il vous est impossible de connaître encore.

Mais ce qui est essentiel, c'est que vous puissiez comprendre qu'au moyen de l'analyse, on reconnaît la composition des Plantes, et par conséquent ce qu'elles ont pris dans l'air et dans les réserves du sol.

Vous savez déjà que l'air renferme de l'oxygène et de l'azote, un peu de carbone ou acide carbonique et un peu d'hydrogène ou vapeur d'eau.

Ce sont là les *éléments organiques* qui se rencontrent toujours en combinaison au sein des êtres vivants.

Mais il y a en outre les *éléments minéraux* qui appartiennent tous par leur origine à l'écorce solide du globe, ce sont : le phosphore, le soufre, le potassium, le chlore, le silicium, le fer, le manganèse, le calcium, le magnésium, le sodium.

Vous serez étonnés quand je vous apprendrai que les quatre éléments organiques représentent les 95 centièmes de la substance des végétaux et que les éléments minéraux n'y figurent que pour 5 centièmes.

Malgré ce faible appoint, ils jouent un rôle aussi important que celui des éléments organiques.

En leur absence, la végétation est impossible ou du moins reste languissante et précaire dès que le sol n'en est pas suffisamment pourvu.

Je crois utile de vous rappeler en passant les conditions dans lesquelles la plante absorbe les éléments organiquss.

A une température ambiante qui ne descend pas au-dessous de 10 à 12 degrés, quand les végétaux sont munis de leurs feuilles et qu'ils reçoivent l'action directe du soleil ils absorbent l'acide carbonique de l'air, gardent le carbone et dégagent de l'oxygène.

Pour l'oxygène et l'hydrogène, qui viennent de l'eau, ils en reçoivent par les pluies plus qu'ils ne peuvent en utiliser.

Pour l'azote, si les plantes en prennent dans l'air, elles ont aussi besoin d'en trouver dans le sol.

Je vous ai nommé plus haut dix éléments minéraux qui se trouvent dans les plantes. Que cette longue nomenclature ne vous effraye pas ; je ne veux vous en recommander que trois : l'acide phosphorique, la potasse et la chaux, qui, avec le concours d'une matière azotée, suffisent pour élever et entretenir la fertilité du sol.

Quoique les effets des sept autres sur les végétaux soient aussi considérables, nous n'en parlerons plus parcequ'ils se trouvent en abondance dans les plus mauvaises terres.

Le fumier de ferme renferme à lui seul tous ces éléments.

Vous en jugerez par l'analyse suivante qui donne les résultats moyens.

		FUMIER HUMIDE	FUMIER TRÈS SEC
MATIÈRES ORGANIQUES	Eau........	793,00	»
	Carbone..	74,00	358,00
	Hydrogène	9,00	42,00
	Oxygène..	53,00	258,00
	Azote......	4,00	20,00
Acide carbonique		1,34	6,44
— phosphorique		2,01	9,66
— sulfurique		1,27	6,12
Chlore...........		0,40	1,93
Silice, sable et argile ...		44,49	213,81
Chaux...........		5,76	27,69
Magnésie.........		2,41	11,59
Oxyde de fer, alumine ...		4,09	19,64
Potasse et soude		5,23	25,12
		1000,00	1000,00

Avant d'aller plus loin, je crois devoir vous dire un mot de la CULTURE SIDÉRALE ou de l'enfouissement des engrais verts :

Il est facile de comprendre que la Plante s'étant formée aux dépens du sol et de l'air, si on l'enfouit, on rend au sol non seulement ce qu'elle lui avait pris, mais on l'enrichit de tout ce qu'elle avait puisé dans l'air. Il y a par conséquent bénéfice considérable pour le sol.

Les récoltes dont l'enfouissement en vert est le plus avantageux, sont celles dont les organes foliacés sont le plus développés parce que ce sont celles qui ont prélevé le plus dans l'atmosphère. Ce sont également les végétaux dont dont les racines pénètrent le plus profondément dans le sol, parce qu'ils vont chercher à des profondeurs, où ne pénètrent guère la plupart des autres plantes, des principes fertilisants entassés par les eaux d'infiltration, pour les ramener à la surface et les mettre à la disposition des végétaux qui ne jouissent pas des mêmes facultés.

C'est l'époque de la floraison qui paraît la plus convenable pour l'enfouissement parcequ'à ce moment, les plantes contiennent la plus forte proportion de matière azotée, de phosphates et de substances minérales.

La plupart des plantes légumineuses remplissent parfaitement cette condition.

RÉSUMONS en quelques mots ce que nous venons d'exposer dans cette causerie :

Nous devons former un sol ni trop compacte ni trop léger c'est-à-dire contenant en proportions snffisantes de l'argile et de la silice.

Nous serions sûrs que naturellement ou après les marnages, il contient assez de calcaire.

Nous l'avons donc amendé, c'est-à-dire approprié au genre de culture que nous lui destinons ; il s'agit maintenant de lui fournir des engrais et tous les éléments de fertilisation.

Il faut bien observer qu'il y a une différence radicale entre les AMENDEMENTS et les ENGRAIS.

Les amendements préparent et favorisent l'alimentation des végétaux, les engrais fournissent les diverses substances alimentaires.

Nous avons étudié l'air, nous connaissons le rôle que joue l'eau dans la végétation, il nous reste à suivre attentivement toutes les phases et les transformations de la plante depuis le moment où la graine a été confiée au sol, jusqu'à celui de son entier développement et de sa reproduction.

V

LA PLANTE

Notre sol est bien préparé, c'est le berceau qui attend la plante. Dans cette terre nous allons mettre une graine ; dès qu'elle aura absorbé l'humidité qui lui est nécessaire et qu'elle se trouvera avec une chaleur convenable, dans les conditions les plus favorables à la végétation, elle se gonflera, il en sortira deux petits rudiments de feuilles qui sont les cotilédons ; mais remarquez bien qu'en même temps, dans la partie qui touche au sol, un petit filet blanc cherche à s'y enfoncer : c'est la radicule ou première racine.

Ne perdez pas de vue cette plante naissante et vous remarquerez qu'en même temps qu'une partie s'enfonce dans le sol pour aller y puiser les sucs nutritifs des engrais, l'autre s'élève dans l'air pour aller absorber au moyen de ses feuilles les éléments qui lui sont nécessaires.

La partie qui s'élève dans l'air sera la tige ; celle qui s'enfonce dans le sol formera les racines.

Vous voyez que la germination d'une graine ne peut s'opérer sans le concours de l'eau, de l'air et de la chaleur.

L'eau assouplit les enveloppes et facilite leur rupture.

L'oxygène de l'air joue un rôle des plus importants.

La chaleur détermine l'évolution des germes en stimulant et activant l'énergie vitale.

Mais s'il est nécessaire que la température soit toujours plus élevée que zéro, il ne faut pas qu'elle dépasse 45 ou 50 degrés parce que l'humidité du sol serait vaporisée et que la germination ne s'effectuerait pas.

Le sol influe favorablement en privant les graines de la présence de la lumière.

Il est facile de comprendre que si le sol, au lieu d'être perméable, était trop compacte, non seulement il priverait les graines de l'influence de l'air et retarderait la germination, mais que s'il retenait l'eau en trop grande quantité, les semences pourriraient.

Il faut aussi observer que les grosses graines doivent être enterrées plus profondément que les petites parce qu'elles ont besoin pour germer d'une plus grande quantité d'humidité. Les mêmes graines doivent être enterrées plus profondément dans un terrain léger que dans un sol compacte parce que le premier retient moins l'humidité que le second et qu'il est plus perméable à l'air.

En général les graines d'arbres germent plus lentement que celles des plantes herbacées, mais les semences se développent d'autant plus rapidement qu'elles sont plus nouvellement récoltées, parce que leur tunique plus tendre les laisse plus facilement pénétrer par l'humidité.

Les substances propres à la végétation des plantes, s'introduisent d'abord dans leurs organes, y sont modifiées et préparées de manière à servir à leur accroissement.

Ces phénomènes constituent la NUTRITION.

Mais comment tous ces principes élémentaires sont-ils introduits dans la jeune plante ?

Il faut d'abord poser en principe que toutes les substances solides ne peuvent pénétrer dans les végétaux qu'à l'état de dissolution dans l'eau ou à l'état gazeux.

Les racines puisent dans la terre les gaz et les fluides aqueux qui tiennent en dissolution les matières propres à l'alimentation des plantes.

Dès que l'eau du sol chargée de matières solubles est entrée dans les radicelles, elle fait partie des sucs du végétal, et c'est à ce fluide qu'on donne le nom de SÈVE.

La sève absorbée par les racines s'élève jusqu'aux feuilles. C'est à ce phénomène qu'on donne la qualification de *Sève ascendante*.

La tige et la racine sortent du même point de la graine mais s'allongent de suite en sens inverse ; tandis que l'une s'enfonce dans le sol, l'autre monte vers le ciel.

On reconnaît sur la tige, en allant de la base au sommet, quatre parties principales qu'on appelle organes extérieurs : 1° le *tronc* qui est la partie de la plante croissant au-dessus de la racine et qui s'élève à une certaine hauteur sans se ramifier.

Sur le tronc et sur les *boutons* placés à l'aisselle des feuilles naissent des *bourgeons*; ces bourgeons se développent, se prolongent et deviennent des *rameaux*, enfin les rameaux en grandissant deviennent des *branches*.

Dans les organes intérieurs on remarque trois parties : la *moelle* renfermée dans le canal médullaire, le *corps ligneux* et l'*écorce*.

La moelle se prolonge d'une manière continue depuis le pivot de la racine jusqu'au sommet de la tige.

Les fluides renfermés dans son tissus, se solidifient et lui font acquérir la dureté du bois.

En dehors du canal médullaire et jusqu'à l'écorce est situé le corps ligneux, c'est-à-dire le bois proprement dit.

Quand on a coupé transversalement un tronc d'arbre, vous remarquez une quantité de cercles qui, partant du centre, vont, en devenant toujours plus grands, jusqu'à l'écorce.

Chaque cercle est le produit de la végétation pendant une année.

Il est évident que la plus jeune couche est toujours à l'extérieur du corps ligneux et que chacune d'elles entoure la plante dans toute son étendue.

Vous comprendrez encore que si les couches intérieures deviennent tous les ans plus ligneuses, c'est-à-dire plus dures, la plus récente, qui est l'aubier ou bois en formation, est toujours tendre.

Après elle il n'y a plus que l'écorce.

Comment se forme tous les ans cette nouvelle couche ?

L'ascension de la sève s'opère par les couches d'aubier les plus jeunes, de là elle se répartit dans toute la plante et dans toute l'étendue des feuilles.

L'évaporation sur toutes les parties vertes de la plante vient encore aider au mouvement ascensionnel de la sève, en produisant dans les tissus environnants un vide qui attire à lui la sève des racines.

Les feuilles à leur tour puisent dans l'atmosphère de la vapeur d'eau, de l'acide carbonique et de l'oxygène.

Cette absorption se fait particulièrement par les pores ou stomates situés à la face inférieure des feuilles.

Dans les racines, cette introduction des fluides a lieu surtout pendant le jour ; dans les feuilles au contraire elle s'opère pendant la nuit.

La sève ascendante parvenue dans les feuilles, y subit plusieurs modifications : d'abord elle abandonne une grande partie de son humidité qui est rejetée dans l'atmosphère sous forme de vapeur aqueuse par toutes les parties vertes et surtout par les pores qui couvrent la face supérieure des feuilles.

Mais la modification la plus importante, subie dans les feuilles par la sève ascendante, est la suivante : ·

La sève tient en dissolution des matières carbonées provenant des engrais répandus dans le sol ; d'un autre côté, les feuilles absorbent du gaz oxygène de l'air pendant la nuit.

Ce gaz oxygène s'unit aux matières carbonées pour former de l'acide carbonique.

Ce dernier gaz est ensuite décomposé sous l'influence de la lumière : le carbone reste fixé dans le végétal et l'oxygène se dégage dans l'air.

L'acide carbonique, que les feuilles puisent dans l'air, en même temps que l'oxygène, subit la même décomposition.

Après avoir reçu toutes ces modifications, la sève devient plus épaisse c'est : le *Cambium*.

Le cambium passe des cellules de la feuille dans les nervures du même organe, il circule dans ces vaisseaux et parvient, en descendant, dans les tissus de la plante qu'il parcourt et alors il prend le nom de *Sève descendante*.

La répartition sur les divers points du végétal du cambium qui s'y accumule constamment, finit par former chaque année une couche distincte de bois qui, superposée sur celle de l'année précédente, reste toujours visible de telle sorte qu'on peut déterminer approximativement l'âge d'un arbre en comptan tsur la couche transversale de son tronc, le nombre de ses couches ligneuses, quand l'arbre a été coupé près de sa base.

Ces fonctions de la sève ne peuvent jamais rien perdre de leur régularité ; si vous opériez sur le tronc d'un arbre une incision annulaire, c'est-à-dire l'enlèvement tout autour d'une partie de l'écorce et que la place ne se cicatrisât pas pas dans l'année, la sève ascendante ne pouvant plus monter à travers la couche d'aubier, l'arbre périrait.

Ce fait est très essentiel, car il nous fournira la base de certaines opérations à pratiquer sur les arbres fruitiers.

Les feuilles venues au printemps continuent souvent leurs fonctions jusqu'à la fin de l'automne.

Souvent elles sont désorganisées par la chaleur et la sécheresse du sol ; néanmoins, dès les premières pluies de la fin de l'été, l'énergie vitale se porte sur les bourgeons placés à l'extrémité des rameaux ; ceux-ci se développent et donnent naissance à de nouvelles feuilles qui fonctionnent avec beaucoup d'activité.

C'est à ce réveil de la végétation qu'on a donné le nom de *Sève d'Août*.

Lorsque cette sève se manifeste dans les premiers jours d'août, les rameaux qui en résultent peuvent recevoir avant l'hiver une organisation et une solidification qui les mettent à l'abri de l'influence fâcheuse des gelées.

Mais lorsque cette recrudescence de végétation n'a lieu que vers le mois de septembre, les productions, auxquelles elle donne lieu, restent herbacées, souffrent pendant l'hiver et ne fournissent pour les greffages du printemps que des bourgeons peu vigoureux.

Je crois devoir vous faire observer en outre que la présence d'une certaine quantité d'air est indispensable à la vie des racines et à l'accomplissement de leurs fonctions.

Si elles se trouvent enterrées à une trop grande profondeur, elles ne fonctionnent pas et finissent par pourrir.

VI

L'étude de la nutrition et de l'accroissement nous a montré comment chaque plante soutient son existence.

Nous allons voir maintenant comment les végétaux se reproduisent.

Le phénomène de la Reproduction comprend :

La floraison — la fécondation — la maturation des fruits — la dissémination des graines, leur germination.

REPRODUCTION. — FLORAISON

On entend par floraison le phénomène du développement et de l'épanouissement de la fleur.

Pour donner naissance à des productions, la sève a besoin de circuler lentement dans les tissus des végétaux afin d'être complètement élaborée ; aussi ne voit-on des fleurs sur les jeunes plantes que lorsqu'elles ont acquis un certain développement, lorsque le nombre {des ramifications étant augmenté, la sève pour arriver jusqu'aux feuilles, est obligée de snivre una ligne plus prolongée et plus interrompue.

Elle monte plus lentement, s'arrête plus longtemps dans ces organes et acquiert les qualités qu'exige la formation des organes de la fructification.

Le nombre de fleurs augmente avec l'âge d'un arbre et tous les arbres maladifs se mettent à fleur.

Chaque espèce adopte pour épanouir, les fleurs une époque déterminée et constante de l'année, mais elle varie en raison du degré plus ou moins élevé de température.

Pour bien comprendre le phénomène de la reproduction, il faut absolument étudier séparément les diverses parties de la fleur.

Quand une fleur commence à s'épanouir, elle reste encore enveloppée de petites lames colorées en vert qui vont peu à peu découvrir la fleur et se tourner vers le sol : c'est le *Calice.*

Immédiatement après le calice, on rencontre des lames de forme arrondie et remarquables par leur brillant coloris : c'est la *Corolle.*

Ainsi que le calice, la corolle est tantôt d'une seule pièce, tantôt composée de plusieurs pièces distinctes.

On donne le nom de *Pétales* aux divisions de la corolle.

Les enveloppss florales, le calice et la corolle, ne sont pas indispensables pour la fructification et elles manquent complètement dans certaines espèces.

Mais il n'en est pas de même des organes sexuels : les *Étamines* et le *Pistil.*

Pour rendre plus simple et plus facile l'examen de la fleur, arrachons donc le calice et la corolle.

Que reste-t-il ?

Une partie plus ou moins dilatée placée à la base qui renferme les jeunes semences encore imparfaites et les abritera jusqu'à l'époque de la maturation des fruits : c'est l'*Ovaire.*

Voyez-vous ce petit filet qui s'élève sur l'ovaire et qui porte à son extrémité un corps glanduleux et humide ? Le petit filet est appelé *Style,* le corps glanduleux *Stigmate.*

L'ovaire, le style et le stigmate sont les *organes femelles* de la fleur. — L'ensemble des trois se nomme *Pistil.*

Mais le style ne reste pas isolé ; voyez tout autour de lui ces petits filets qu'on nomme *étamines* et qui supportent une capsule ordinairement colorée qu'on nomme *Anthère.* Cette capsule contient le *Pollen* ou poussière fécondante. Ces trois parties forment les étamines ou *organes mâles* de la plante.

Dès que les anthères commencent à s'ouvrir, elles deviennent mobiles sur leur filet et s'approchent sensiblement des stigmates.

Elles répandent alors le pollen ou poussière fécondante, sur cet organe, descendant à travers le tissu du style.

Aussitôt que le pollen est arrivé à l'ovaire, les graines sont fécondées.

L'opération de la fécondation telle que je viens de la décrire, est si simple qu'on peut la faire artificiellement et produire ainsi des hybrides selon son goût :

Ayez deux fleurs de même espèce, l'une blanche, l'autre rouge. Avant que les organes soient arrivés à leur maturité, enlevez à l'aide de petits ciseaux les organes mâles de la *fleur blanche* les étamines, c'est-à-dire le style et l'anthère.

Enveloppez cette fleur de gaze fine afin qu'aucune poussière fécondante ne puisse y être portée soit par les vents, soit par les abeilles.

Au moment où les étamines de la *fleur rouge* seront mûres, c'est-à-dire où le pollen s'échappera de l'anthère, à l'aide de petites pinces, enlevez l'anthère, avec précaution et allez en répandre le pollen sur le stigmate de la *fleur blanche*.

Votre fleur se trouvera ainsi fécondée artificiellement et vous obtiendrez une nouvelle plante dont les fleurs seront rouges et blanches.

Il arrive quelquefois que les semences récoltées sur une plante, donnent naissance à des individus qui s'écartent plus ou moins par leur caractère de la plante sur laquelle on a récolté ces semences.

Cela tient le plus souvent à ce que cette plante a été fécondée par une espèce voisine.

On donne à ces individus le nom d'*Hybrides*.

Semez dans le même champ : du maïs à grain blanc, du maïs à grain jaune et du maïs à grain rouge, le pollen qui se trouve à la partie supérieure de la plante, qu'on appelle la *Crête*, sera porté par les vents sur les épis femelles dans toutes les directions.

Il en résultera une hybridation et on trouvera des épis ayant en même temps des grains blancs, jaunes et rouges.

La disposition des fleurs ou leur situation relative entr'elles et les autres organes de la plante, a reçu le nom d'*Inflorescence* : fleurs à épi (seigle, blé), en chaton (noisetier), en grappe (groseiller), en thyrse (lilas), en corymbe (sureau) en ombelle (carotte).

Souvent les étamines et le pistil, c'est-à-dire les organes mâles et les organes femelles sont réunis dans la même fleur.

D'autre fois les fleurs n'offrent que des étamines et reçoivent le nom de fleurs mâles ou bien ne présentent qu'un pistil et prennent le nom de fleurs femelles; de là, la nécessité de rapprocher deux plantes de même espèce, dont les fleurs sont de sexe différent afin qu'elles soient fécondées.

VII

FRUIT

Lorsque la fécondation est achevée, les enveloppes florales et les organes sexuels se flétrissent et tombent.

L'ovaire seul continue de croître et devient le fruit.

On distingue dans le fruit deux parties principales :

Le *Péricarpe*, c'est-à-dire l'enveloppe de la semence et la semence.

Le péricarpe est tantôt dur et sec comme dans les noix, coriace comme dans les fèves, ou charnu comme dans la poire, la pomme et la pêche.

La *Semence* contient les rudiments d'une nouvelle plante semblable à celle qui l'a produite.

Quand, à l'époque de la floraison, il survient des pluies abondantes ou des brouillards prolongés, les fleurs qui s'épanouissent sont presque toutes stériles; on dit alors qu'elles *coulent*.

C'est que la pollen, mis en contact avec l'humidité, se déchire et tombe avant d'avoir été projeté sur le stigmate ou qu'il est entraîné par l'eau des pluies.

Quand ces conditions se produisent à l'époque où fleurissent les blés et les seigles, il y a dans l'épi une grande quantité de grains qui ne sont pas fécondés ; ce sont ceux qu'on appelle en patois *escalats*, c'est-à-dire échelonnés ou difformes à la facon d'une échelle.

Aussi suivant la température qui a accompagné leur floraison, les récoltes sont-elles considérées comme devant être bonnes ou médiocres.

Maturation des fruits. — On donne le nom de maturation à la réunion de divers phénomènes qui se succèdent depuis le moment où l'ovaire est fécondé, jusqu'à l'époque où le fruit a acquis sa maturité complète.

Quand les fruits sont noués, jusqu'à leur maturité, ils attirent à eux la sève ascendante par leur action propre. Quand ils sont trop nombreux sur un arbre, ils ne peuvent acquérir un développement suffisant et un grand nombre se dessèchent avant d'être arrivés à leur maturité.

Il est donc avantageux dans ce cas, d'enlever de bonne heure les fruits les moins gros afin que ceux qui restent profitent de toute la sève.

Aussitôt que les fruits charnus ont atteint tout leur développement, ils abandonnent progressivement leur couleur verte et se colorient en jaune, en rouge, en violet.

Au lieu d'absorber comme auparavant de l'acide carbonique et d'exhaler de l'oxygène, ils absorbent de l'oxygène et exhalent de l'acide carbonique.

D'acide qu'elle était, la saveur du fruit devient sucrée.

Un appartement, contenant de fruits mûrs, est tellement rempli d'acide carbonique, qu'on peut y être asphyxié.

La coloration particulière, qu'acquiert chaque espèce de fruit charnu, est due à l'influence de la lumière et ils sont toujours colorés du côté où ils sont frappés par les rayons solaires.

Donc, la chaleur et la lumière sont les agents qui déterminent surtout la maturité des fruits.

Un fruit est toujours meilleur et plus sucré du côté qui a été exposé au soleil que du côté opposé.

Un arbre, à l'ombre, donne des fruits beaucoup moins sucrés qu'un arbre de même variété qui se trouve au soleil.

Dans un sol sec, la sève entrant en moindre quantité à la fois dans le fruit, est plus préparée et les principes sucrés moins étendus d'eau donnent une saveur plus prononcée.

Deux causes principales tendent à accélérer accidentellement la maturité des fruits :

La première est la piqûre des insectes qui déposent leurs œufs dans le tissu du fruit : on les appelle *véreux*.

La seconde c'est l'opération appelée *incision annulaire*.

En enlevant, à l'époque de la floraison, un anneau d'écorce à la branche qui soutient les fleurs, les fruits nouent d'une manière plus certaine et sont plus tôt mûrs. Mais l'anneau enlevé ne doit pas dépasser en largeur cinq milimètres sans quoi la branche opérée souffrirait et risquerait de périr.

La maturité plus précoce du fruit a lieu dans ce cas parce que l'incision retient momentanément la sève descendante dans le fruit et empêche l'ascension de la sève vers le sommet de l'arbre.

C'est surtout à la vigne et au pêcher dont les rameaux à fruit peuvent être sacrifiés chaque année que l'on applique ce procédé.

La maturation des fruits terminée, les graines sont mûres.

La nature leur a donné diverses structures qui permettent aux vents de les disséminer et de les porter à de grandes distances.

Les animaux contribuent aussi à leur dissémination surtout pour celles qui par leur volume et leur enveloppe charnue sont trop lourdes. Certaines peuvent traverser sans altération les organes digestifs des oiseaux, qui les déposant avec leurs excréments, les propagent très loin.

VIII

ANALYSE DU FROMENT

Pour faire une application sérieuse et complète de tout ce que nous avons dit jusqu'ici, nous étudierons d'abord les plantes herbacées, graminées et légumineuses ainsi que les racines.

Plus loin nous parlerons des arbres et spécialement des arbres fruitiers, de leur conduite, leur taille et leur mise à fruit.

Sous le nom de graminées on classe : le froment, le seigle, l'orge, l'avoine, le riz, le millet, le maïs, le sorgho, l'alpiste, etc., etc.

Les légumineuses sont les fèves, les haricots, les pois, les lentilles, les vesces, etc.

Enfin les plantes cultivées pour leurs racines : Pommes de terre, raves, navets, turneps, betteraves, carottes, topinambours, etc.

Pour que toutes ces plantes réussissent et prospèrent dans le sol, il faut qu'il renferme les éléments qui leur sont indispensables et les constituent. Pour vous en donner un aperçu, je crois devoir vous faire connaître le résultat de l'analyse du froment (paille et grain).

Dans 100 parties :

Carbone,....	47,69	Ci 93,55, qui viennent de l'air et de la pluie.
Hydrogène..	5,54	
Oxygène.....	40,32	
Soude	0,09	Ci 3,386, dont le sol est surabondamment pourvu et qu'on n'a pas besoin de lui rendre.
Magnésie....	0,20	
Acide sulfu.	0,31	
Chlore.......	0,03	
Oxyde de fer	0,006	
Silice........	2,75	
Azote........	1,60	Ci 3,00, dont le sol n'est pourvu qu'en proportions limitées et qu'il faut lui rendre par les engrais.
Acid.phosph.	0,45	
Potasse......	0,66	
Chaux........	0,29	

Total : 99,93

Il faut donc que ces quatre derniers éléments soient portés au sol, soit par les fumiers de ferme, soit par les engrais chimiques.

IX

APPLICATION SUR UNE PROPRIÉTE A RECONSTITUER

Cette étude préliminaire de la plante terminée, nous allons immédiatement continuer par une application pratique sur le terrain de tout ce qui se rapporte à l'agriculture la viticulture et l'arboriculture.

Je viens d'acheter, au prix de 40,000 francs, une propriété complètement délabrée, d'une contenance de 40 hectares.

J'espère que lorsqu'elle sera reconstituée, elle aura une valeur double ; aussi ai-je mis en réserve pour tous les travaux à exécuter une somme de 40,000 francs.

Tout est à peu près à faire ; je dois commencer par les travaux les plus urgents et continuer de la même manière.

A mesure qu'un travail sera entrepris, nous en étudierons complètement l'exécution. Nous devrons bien connaître aussi les outils qui devront nous servir.

Le sol de ma propriété, sans être de première qualité, n'est pas cependant mauvais.

La couche arable assez épaisse, au moyen de marnages et de fumures, pourra devenir productive.

Le sous-sol, dans certaines parties, est imperméable, les eaux y séjournent et, avant tout autre opération, je drainerai.

Pour bien combiner mes travaux, je dois avoir un point de départ bien calculé et invariable.

J'entre en possession de ma propriété au premier novembre ; quelques champs sont ensemencés avec ou sans fumier; cette récolte sera certainement des plus médiocres.

Qu'est-ce qui manque le plus pour avoir des récoltes ?

C'est le fumier ; mais pour avoir du fumier, il faut pouvoir entretenir du bétail et le bétail pour vivre a besoin de fourrages.

Mon premier travail sera donc de préparer mes terres destinées aux prairies artificielles.

Comme pour l'année prochaine, leur rapport sera encore illusoire et qu'il faut néanmoins aller en avant, je vais faire ensemencer deux hectares de vesces mélangées à de l'avoine. Au printemps, je les ferai couvrir d'engrais minéraux.

La saison trop avancée ne me permet pas de faire semer du trèfle incarnat ou farouch.

Pendant les jours, où les travaux réguliers devront être suspendus à cause des intempéries, on nettoiera les fossés qui entourent la propriété et j'y ferai planter tout le long des peupliers qui, en outre de la valeur de leur bois, me donneront, tous les ans, la feuillée qui est, l'hiver, une grande ressource pour la nourriture du troupeau.

Mon travail le plus essentiel est donc la création de mes champs de Luzerne.

Quel terrain vais-je choisir pour être certain de la bonne réussite de mes fourrages ?

Certaines parties sont marécageuses, d'autres sont envahies par le chiendent ; la culture est nulle depuis longtemps : c'est presque décourageant.

Eh bien, non ! Ne reculons pas et nous arriverons à notre but.

Je prends deux hectares ; ma première opération sera d'assainir le sol, c'est-à-dire d'en sortir les eaux qui non seulement pourriraient les racines des plantes, mais encore rendraient nulle l'action des engrais.

Il faut donc draîner ce terrain.

Examinons les divers moyens d'arriver à un bon résultat.

X

DRAINAGE

A la limite du champ, dans sa partie la plus basse, on ouvrira un fossé assez grand pour recevoir les eaux venues du sol supérieur ; il devra avoir une pente convenable pour les écouler dans un ruisseau, une mare, en un mot dans un endroit où elles soient plutôt utiles que nuisibles.

Si j'ai suffisamment de cailloux, je ferai ouvrir dans toute la surface du sol des fossés parallèles plus ou moins rapprochés suivant que le sol sera plus ou moins humide, qui viendront tous porter dans le grand fossé les eaux recueillies dans le champ.

J'enfouierai des pierres jusqu'à 30 centimètres de la surface du sol et je finirai de combler avec la terre enlevée du fossé : le reste sera répandu sur le champ comme amendement.

Il arrivera que les eaux souterraines seront, au moyen de ces fossés, dirigées hors des champs qui sera assaini.

Mais il peut se faire que mon terrain soit complètement démuni de cailloux ; dans ce cas, je suis forcé d'opérer le drainage au moyen de tuyaux.

Les fossés seront comme les précédents à une distance plus ou moins grande suivant le degré d'humidité du sol, à 10, 15 ou 20 mètres les uns des autres, mais beaucoup moins larges puisqu'ils ne devront contenir que des tuyaux de 5 à 10 centimètres d'épaisseur.

Du point de départ jusqu'au grand fossé où seront reçues les eaux, ils doivent avoir une pente régulière et l'opération doit être faite avec le niveau d'eau ; vous comprendrez que pour que l'eau passe d'un tuyaux dans le suivant, il faut qu'ils soient tous sur le même plan, sans quoi l'écoulement ne pourrait avoir lieu que très imparfaitement et peut-être pas du tout.

Afin que les tuyaux ne s'engorgent pas et que l'eau s'écoule avec la plus grande vitesse possible, du point de départ au point d'arrivée, on donnera la plus grande pente.

Pour ouvrir des tranchées sur une grande surface avec

économie, on se sert d'un outillage particulier, que je ne peux pas décrire ici, mais dont vous vous rendrez compte approximativement, quand je vous aurai dit que ce sont des pelles et des pioches étroites à très longs manches, qui permettent de creuser le fossé en se tenant toujours sur le sol du champ.

On commence par enlever la terre végétale que l'on pose d'un côté ; celle du sous-sol est déposée du côté opposé.

Il va sans dire, qu'afin que le terrain ne s'éboule pas, le fossé doit être plus large du haut que du bas.

Quand dans une partie haute du champ, il existe un espace assez vaste où l'eau séjourne, il faut y faire arriver de tous côtés une série de tuyaux de petit diamètre qui viendront tous s'emboîter dans le grand tuyau de la tranchée qu'on appelle *Collecteur*.

A chaque rencontre des tuyaux, afin de les maintenir vis-à-vis l'un de l'autre, on les emboîte dans un tuyau de 10 centimètres de longueur qu'on appelle *Manchon*.

Vous n'avez pas besoin que je vous dise combien il est important que les tuyaux ne s'engorgent pas, que rien ne puisse y entrer, sans quoi l'écoulement de l'eau ne se fait plus et le drainage ne sert à rien.

Pour cela, il ne faut jamais placer les tuyaux près des arbres, des haies, enfin d'aucune plante dont les racines attirées par la fraîcheur de l'eau, pourraient s'y introduire.

Au point où les eaux se jettent dans le grand fossé qui les reçoit toutes, les tuyaux doivent être garnis d'un grillage afin d'en rendre l'entrée impossible aux rats, taupes, crapauds, etc.

L'emploi des manchons n'est pas approuvé par tous les propriétaires ; en outre qu'ils augmentent considérablement les frais du drainage, ils tiennent les deux tuyaux au-dessus du sol de toute leur épaisseur et quelquefois ceux-ci peuvent casser au milieux, ce qui est fort grave.

Dans tous les cas, il faut non seulement que les tuyaux soient sur un plan parfait, mais que leurs bouts restent bien vis-à-vis sans quoi l'opération est nulle.

En les calant avec de la terre fortement tassée, on s'expose à fermer tous les joints et par conséquent à empêcher l'eau d'y pénétrer.

Mais il est rare qu'un terrain ne porte pas à la surface de petits cailloux : il faut les faire amasser avec le plus grand soin et en entourer les tuyaux avant de les recouvrir de terre.

Quand on n'a pas cette ressource, il est bon d'y mettre de mauvais bois, des roseaux de marais, de la fougère, enfin tout ce qui pourra empêcher que la terre n'arrive jusqu'aux tuyaux.

D'ailleurs lorsqu'il s'est produit quelque engorgement dans un conduit, la surface du champ à cet endroit présente une tache humide, qui provient de ce que l'eau sans écoulement remonte à la surface. En fouillant on finit par trouver la place où s'est produit l'engorgement et, avec des précautions, on peut tout remettre en ordre.

Comme il est prouvé que toutes les plantes souffrent beaucoup dans les terrains humides et qu'aucune récolte ne peut y venir, il est hors de doute que le drainage est la première opération à faire pour préparer utilement dans le sol le réservoir nécessaire à la nourriture des plantes.

Aussitôt que ce travail sera terminé, pour ne pas perdre de temps et afin que les gelées puissent effriter notre terre, nous allons donner de suite un premier labour. Après cela nous travaillerons le terrain destiné aux plantes sarclées.

Les grands froids sont arrivés, les journées sont courtes et le temps variable.

Nous mettrons à profit tous les moments favorables pour transporter les matériaux nécessaires aux réparations de notre ferme qui est dans un état de délabrement complet.

Quelques murs sont à construire, procurons-nous la pierre et le sable.

Nous avons dressé le plan de nos travaux d'appropriation, nous possédons donc la mesure de nos bois ; préparons-les et transportons-les sur les lieux.

XI

CONSTRUCTIONS RURALES

Nos champs sont couverts de neige, les travaux sont interrompus, mettons notre temps à profit pour étudier au coin de notre feu une question très importante : *La disposition de nos bâtiments.*

Les bâtiments ruraux contribuent pour une large part au succès des opérations de toute une année.

Un emplacement mal choisi , une distribution incommode, des constructions insalubres ou mal adaptées à leur service, etc., occasionnent des pertes de temps, de denrées, de capitaux, qui accroissent sans nécessité les frais de la production.

Emplacement. — La maison de ferme et ses dépendances devront autant que possible être placées au centre de l'exploitation. Quand il n'en est pas ainsi, non seulement on éprouve de grandes pertes de temps et de très grandes difficultés pour la surveillance des travaux, mais les pièces de terre, qui se trouvent très éloignées, sont cultivées avec moins de soin et souvent abandonnées en mauvais pâturages.

Il est cependant des circonstances où l'on peut s'écarter de ce principe : c'est lorsqu'on est obligé de se rapprocher d'un cours d'eau, soit pour abreuver les animaux, soit pour les usages domestiques ou bien celles où le centre de la propriété ne présente pas des conditions convenables d'hygiène, s'il est bas et humide ; enfin la nécessité d'être près d'un chemin public, d'un canal, de lieux habités.

En définitive, après avoir pesé tous les avantages et les inconvénients des divers emplacements, on doit se décider pour celui qui procure la plus grande économie de temps, de main d'œuvre et de capitaux.

Orientation. — Au lieu du sommet d'une colline, où les vents sont toujours violents, on doit choisir pour construire la ferme, un terrain légèrement en pente à l'exposition du midi.

Le lieu où l'on placera les bâtiments, doit être parfaitement sec, d'un accès facile pour les animaux et les véhicules, assez élevé pour qu'on puisse apercevoir d'un coup d'œil la plus grande partie du domaine.

On évitera toujours les endroits bas et marécageux qui nuisent à la santé des hommes et des animaux et où les récoltes même contractent de la moisissure.

Si à tous les points de vue, la réunion des bâtiments présente des avantages, il faut néanmoins isoler ceux qui sont sujets à être incendiés surtout les constructions en bois et celles qui sont couvertes en chaume.

Il y a un grand avantage, surtout dans le système de stabulation permanente, d'avoir des cours spacieuses où les animaux iront prendre l'air et boire en liberté.

Les bâtiments ne doivent être ni trop restreints ni trop vastes ; dans le premier cas, il y a encombrement, le service se fait avec peine, les animaux n'ont pas assez d'air et, dans les années abondantes, une partie de la récolte peut être perdue faute d'abris.

Quand ils sont trop vastes, c'est un capital qu'on a dépensé en pure perte.

L'étendue que l'on doit donner aux bâtiments, doit être

déterminée, soit par la superficie nécessaire aux animaux de travail ou aux bêtes de rente, soit par le volume des récoltes que l'on doit enfermer.

Maison d'habitation. — Quand le propriétaire administre lui-même et dirige tous les travaux de la ferme, son habitation doit être placée d'une façon telle qu'il puisse voir d'un coup d'œil tout ce qui se passe dans l'enceinte des cours, ainsi que la plus grande partie du territoire de la ferme afin de surveiller les travaux.

Elle doit être en avant ou en arrière de la masse des bâtiments d'exploitation pour pouvoir l'entourer d'un jardin. Son ombre ne doit pas les priver de soleil.

Dans le cas où le propriétaire ne réside pas à la ferme, il construit quelquefois une maison d'agrément à une certaine distance des bâtiments ruraux ; il ne reste donc que le logement des serviteurs.

Ce logement doit être toujours assez vaste et bien aéré.

Dans la distribution des appartements, il est clair que chacun doit être placé dans la partie de l'édifice où ses services le retiennent souvent : les charretiers près des chevaux, les bouviers à l'étable à bœufs.

Il faut que chacun puisse surveiller, même la nuit, les animaux qui lui sont confiés.

Etables. — Une bonne étable doit être aérée et fraîche en été mais chaude en hiver.

Néanmoins s'il ne faut pas que les animaux souffrent du froid dans l'étable, mais il serait toujours dangereux, surtout lorsqu'ils vont boire dehors, de les tenir trop chaudement.

Un air pur et débarrassé autant que possible des vapeurs qui en hiver remplissent ordinairement les étables, est aussi nécessaire aux bêtes bovines qu'à l'autre bétail.

On remarque cependant que chez les bœufs à l'engrais et et les vaches laitières, la même quantité de nourriture profite plus lorsqu'on les tient dans une température un peu élevée.

Ils est indispensable de pratiquer dans les murs des étables, au nord et au midi, des soupiraux placés les uns en haut, les autres en bas, afin qu'il s'établisse entre eux, un courant d'air qui entraîne avec lui les gaz méphitiques.

Ces soupiraux doivent être distribués de manière à ce que le bétail ne se trouve pas dans les courants d'air. On doit également pouvoir les boucher à volonté.

Outre les soupiraux, il faut des fenêtres pour laisser arriver la lumière ; il est bon qu'elles soient vitrées.

La hauteur de l'étable est aussi un point important pour sa salubrité ; elle doit être au moins de trois mètres cinquante.

Le sol de l'étable qui doit être élevé de vingt centimètres au moins au-dessus du terrain environnant, s'il n'est pas dallé, doit être pavé et revêtu entre les pierres d'un peu de béton afin que les urines s'écoulent parfaitement.

Les mangeoires et les râteliers ne doivent pas être trop élevés surtout pour les vaches pleines, dont les efforts pour atteindre le fourrage, pourraient être dangereux.

Dans les étables belges, il n'existe pas de râtelier ; une plate-forme carrée d'une largeur de 1 mètre 30 est établie pour déposer le fourrage devant les animaux et sert en même temps de couloir et de passage à l'homme qui distribue la ration.

Sous ce passage est une espèce de cave pour la conservation des racines.

Chaque bête est obligée de passer la tête entre deux poteaux pour arriver à la mangeoire et se trouve ainsi parfaîtement séparée de la voisine de manière à ce qu'elles ne puissent pas s'inquiéter mutuellement et se prendre la nourriture.

La Bergerie. — La bergerie est le bâtiment destiné à protéger les bêtes à laine contre l'intempérie des saisons.

Elle doit être assez vaste pour contenir à l'aise les animaux que l'on veut y enfermer, assez aérée pour que la chaleur ne s'y maintienne pas à un degré trop élevé et convenablement ventilée pour que les gaz méphitiques ne puissent jamais y séjourner.

Pour les moutons en bonne santé, la chaleur est beaucoup plus à craindre que le froid et les étables fermées, où les gaz attaquent vos yeux et vous suffoquent, sont le plus mauvais logement qu'on puisse leur donner.

La vapeur qui sort de leur corps et celle des fumiers infectent l'air et mettent ces animaux en sueur.

Ils s'affaiblissent et y prennent des maladies.

Il faut donc de nombreuses ouvertures qui permettent à l'air du dehors de venir sans cesse se mélanger avec l'air intérieur.

Mais ce moyen serait insuffisant, car il resterait toujours au-dessous des fenêtres des gaz malsains dont la respiration attaque directement les poumons.

L'acide carbonique exhalé par les animaux, et qui est plus lourd que l'air, formerait une atmosphère irrespirable où ils périraient asphyxiés.

Il est donc nécessaire, pour entretenir un air pur dans toutes les hauteurs de la bergerie, de pratiquer des ouvertures au niveau du sol afin d'établir des courants qui emportent ces gaz.

Plus une bergerie aura d'ouvertures, mieux s'y trouveront les animaux, pourvu qu'ils soient à l'abri de l'humidité, de la bise et des rayons directs du soleil.

Il y aurait une grande perte à déposer sur le sol leur nourriture ; une grande partie serait foulée aux pieds et perdue. On doit donc avoir une mangeoire et un râtelier appuyés aux murs de l'étable.

On peut aussi placer au milieu de la bergerie, un râtelier double, suspendu par des cordes attachées aux poutres et au-dessous des auges qui y sont fixées.

Il est évident qu'il est très préjudiciable pour la santé des moutons, non seulement de laisser séjourner le fumier trop longtemps dans la bergerie, mais bien plus encore d'y transporter le fumier des autres animaux.

Quand nous parlerons de la fosse à fumier, j'indiquerai un moyen qui m'a très bien réussi et qui, a tous les points de vue, remplace avantageusement ces procédés malsains et dangereux.

La Porcherie. — L'erreur la plus préjudiciable à l'éducation du porc est de croire que cet animal se plaît dans les ordures.

Il cherche toujours au contraire à ne pas déposer ses excréments sur la litière où il repose. Des expériences ont démontré qu'il engraissait beaucoup plus rapidement dans une étable nettoyée avec soin que sur une litière trop peu souvent renouvelée.

La disposition de la porcherie sera donc telle que l'on puisse entretenir facilement dans chaque loge la propreté convenable.

L'intérieur des porcheries doit être construit en pente pour donner aux matières liquides un écoulement continuel.

Il doit être dallé ou pavé pour que les porcs ne puissent fouiller.

Le haut doit être bien fermé pour que la chaleur et le froid ne pénètrent pas par la toiture.

Une petite cour, pourvue d'un bassin d'eau et plantée de quelques arbres, est très profitable pour les porcs qui peuvent se laver et se mettre à l'ombre.

Les auges qui sont placées moitié en dedans, moitié en dehors de la loge, sont les plus commodes parce que le porcher peut, sans être inquiété, les nettoyer et y déposer les aliments.

Tout ce que je viens de dire s'applique à des constructions entièrement neuves que l'on peut établir dans les meilleures conditions.

Mais dans le cas qui nous occupe, la propriété que j'ai achetée a quelques batiments fort mauvais, il est vrai, mais dont une bonne économie m'ordonne de tirer le plus de parti possible.

La bâtisse a dix mètres de profondeur.

Dans un grand espace large de neuf mètres, on tient les bœufs, les porcs et la volaille.

A côté un nouvel espace large de cinq mètres est réservé au troupeau.

Au-dessus du premier emplacement se trouve le logement des maîtres-valets.

Et tout cela sans ordre, sans propreté, sans air, sans fenêtres, avec deux portes très étroites seulement.

Je vais prendre la première salle pour mon étable à bœufs ; le reste sera colloqué ailleurs.

Au milieu, du midi au nord, j'établis un corridor de deux mètres de largeur et à chaque bout une porte où puisse passer une charrette qui, entrant d'un côté et sortant de l'autre, pourra charger le fumier.

Au-dessus de ces deux portes, j'établis deux fenêtres vitrées de même largeur et de 60 centimètres de hauteur.

Aux quatre angles, aux moyens de planches ou de briques en travers de l'angle formé par les deux murs, j'aurai quatre cheminées de ventilation qui arriveront jusqu'à la toiture.

Du côté du midi, à droite de la porte d'entrée, sera l'escalier pour les maîtres-valets.

A gauche, un second escalier pour aboutir à une seconde salle qui me servira de grenier.

En laissant 1 mètre 50 pour l'escalier et un passage à côté, il me restera, tant à droite qu'à gauche, 8 mètres 50, qui me permettront d'établir de chaque côté des places pour six bœufs.

Quatre seront de première grandeur, les autres moyennes. L'espace contigu, large de 5 mètres, et qui servait de bergerie, va prendre une autre destination et je vais l'utiliser ainsi : du côté du midi je laisserai 6 mètres pour faire trois places pour chevaux et il me restera du côté du nord 4 mètres que je fermerai avec des planches ou des briques et qui servira à enfermer soit mon vin, soit mes betteraves, soit mes pommes de terre.

En outre de la porte d'entrée qui sera au midi, on entrera dans l'écurie par la porte placée dans l'étable à bœufs sous l'escalier du grenier.

Une porte pareille placée aussi dans l'étable à bœufs sous l'escalier des maîtres-valets, conduira directement à la bergerie que je vais faire construire du côté du levant dans les conditions spécifiées plus haut.

La toiture assez élevée au-dessus du sol, laissera passer

l'air vicié de l'étable puisqu'il n'existera rien dessus.

Des ouvertures grillées, pour qu'aucun animal ne puisse s'introduire dedans, seront pratiquées au niveau du sol ; deux portes, l'une au midi et l'autre au nord et quatre fenêtres de chaque côté de ces portes, compléteront l'aération. Les fenêtres du nord pourront être fermées pendant les grands froids seulement.

Après la bergerie, une petite bâtisse composée d'un corridor de 1 mètre de large avec une porte à chaque extrémité et deux fenêtres au-dessus des portes, contiendra au midi la volière et dans le reste les loges à porcs.

Remarquez bien (l'économie étant le plus sûr des revenus) que j'ai tout utilisé, que les conditions requises pour l'hygiène et la commodité du service, sont bien observées.

Je n'ai à construire dans la longueur qu'un mur de 3 mètres 50 pour ma bergerie et de 2 mètres 80 pour la porcherie, et dans la largeur, au nord et au midi, un petit mur d'une longueur totale de 8 mètres.

J'ai parfaitement la mesure de mes bois que je vais faire préparer et au printemps prochain je ferai exécuter ce travail.

Je dois ajouter qu'il existe déjà un hangar très imparfait et très insuffisant ; je vais le restaurer un peu et je l'augmenterai à mesure que mes fourrages seront plus abondants.

Un puits qui renferme de l'eau d'excellente qualité va recevoir une pompe.

Il me restera à établir ma fosse à fumier. Je traiterai cette question longuement quand j'exposerai la théorie des engrais.

XII

LES LABOURS

Comme nous allons arriver à l'époque favorable pour donner un second labour soit aux terrains destinés à notre prairie artificielle, soit à ceux qui doivent recevoir les plantes sarclées, pommes de terre, betteraves, maïs, etc.. et que tous ces travaux se feront avec la charrue, il me paraît opportun de traiter la question des labours.

Sans décrire ici toutes les parties qui constituent la charrue, je dois néanmoins vous faire connaître les plus essentielles, car pour faire un bon travail, il est indispensable de savoir parfaitement régler son outil.

Les principales parties qui constituent une charrue sont :

Le Soc, qui détache la bande de terre horizontalement dans le sol ;

Le Coutre, espèce de couteau qui en même temps que le soc détache la bande du sol, coupe la terre verticalement pour la séparer du sol non encore labouré ;

Le Versoir, qui trouvant cette bande de terre détachée en bas et par côté, la retourne du côté de la raie précédemment ouverte ;

L'age, la flèche ou le timon auquel sont attachés les animaux qui doivent lui imprimer le mouvement ;

Le manche ou les mancherons qui, entre les mains du laboureur, sont d'une nécessité indispensable pour remettre la charrue en place lorsque quelque obstacle en soulevant ou en écartant le soc a pu la faire dévier de sa direction ;

Le Régulateur, qui sert à régler l'entrée de la charrue et à modifier la largeur de la raie ouverte par le soc.

Nous ne pouvons faire ici la description des diverses charrues employées pour les travaux du sol.

Nous dirons seulement que l'age est en bois dans la plupart des charrues, que pour d'autres il est remplacé par des chaînes et que souvent il repose sur un avant-train.

Il y a des charrues de toutes forces suivant le travail qu'elles sont appelées à faire.

Si une charrue traînée par un cheval ou des vaches n'a qu'un versoir de 15 centimètres de hauteur, pour les défonceuses, le versoir a jusqu'à 50 centimètres, mais alors le corps de la charrue est construit dans les mêmes proportions et exige pour être mis en mouvement trois paires de forts bœufs.

Aujourd'hui dans certains pays où les terres ne sont pas trop morcelées et où les champs présentent de grandes surfaces assez régulières, on laboure à la vapeur.

Je vais essayer de vous donner en quelques mots une idée de la marche de ce travail.

De chaque côté du champ est une machine à vapeur locomobile routière, portant un treuil ou cabestan sur lequel s'enroule un câble auquel on attache la charrue et quelquefois d'autres instruments de culture qui reçoivent un mouvement d'aller et de retour d'un bout de champ à l'autre selon le sens dans lequel on tourne le cabestan.

Les charrues qui portent ordinairement deux, trois, quatre doubles socs, sont attachés à un très fort bâti marchand sur deux roues.

C'est un double système de bascule qui fait que lorsque

les socs d'un côté labourent, ceux de l'autre côté sont sou-
levés hors de terre et qu'on trace à la fois deux trois ou
quatre sillons.

L'homme qui la dirige est assis sur un siège placé sur la
dernière charrue en fonctions et change de siège toutes les
fois qu'arrivé au bout du sillon, le système de bascule relève les roues de devant et abaisse celles qui se trouvaient
derrière.

Les deux locomobiles s'avancent parallèlement aux extrémités du champ et prennent de nouveau une position
stable chaque fois que les instruments de culture ont exé-
cuté leur travail sur la bande de terre livrée à leur action.

C'est là l'appareil à double effet pour les grandes exploitations

L'appareil simple ne demande qu'une locomotive à vapeur.

La locomotive est placée à l'une des extrémités du champ
parallèlement au treuil sur lequel on fait enrouler le câble.

Celui-ci correspond à deux ancres placés aux deux extrémités du champ et les fait avancer au fur et à mesure que
les sillons sont tracés.

Maintenant que nous connaissons la charrue, étudions
son travail :

Les terres qui deviennent au contact de l'air les plus riches en matières organiques comme les tourbes, les vases
des étangs, celles de diverses natures qui se trouvent à une
certaine profondeur du sol, les marnes, les argiles, etc.,
sont complètement improductives tant qu'elles n'ont pas été
plus ou moins longtemps exposées à l'action de l'air.

Les labours n'ont donc pas pour unique but de détruire
les mauvaises herbes, de faciliter l'extension des racines et
le développement des minces chevelus dont les nombreuses

extrémités reçoivent par imbibition les sucs nutritifs répandus autour d'elles, de mélanger les engrais dans toute la couche végétale, d'aider à l'égale répartition de la chaleur
atmosphérique et de l'humidité des pluies, de mettre les
matières solubles dans les conditions les plus favorables à
leur dissolution dans l'eau ou à leur décomposition au moyen
de l'oxygène de l'air.

Ils ont encore la propriété de diviser la terre, de la rendre plus poreuse et en exposant un plus grand nombre de
points de sa surface au contact de l'atmosphère, d'augmenter sa capacité pour les fluides fécondants sans lesquels il
n'y a pas de végétation.

On voit par là que les conditions d'un bon labour sont
que la terre soit suffisamment ameublie, que les parties
soulevées par le soc au fond de la raie, soient non seulement déplacées mais ramenées à la surface.

Il faut néanmoins, avant d'entreprendre un labour profond, se rendre compte de la nature du sol.

En creusant un peu nous distinguons trois divisions très
apparentes : 1° *Le sol actif*, c'est-à-dire celui qui est
cultivé depuis longtemps ; 2° *Le sol inerte*, c'est-à-dire
celui qui n'a jamais été ramené par la charrue à la surface ;
3° *Le sous-sol*, qui peut être du tuf, du grès, de l'argile
ou du sable.

Il est évident que, si par un labour profond, on ramène
à la surface la couche inférieure, la terre restera infertile
pendant quelques années et que le meilleur moyen d'éviter
cet accident et d'arriver tout de même à l'amélioration du
sol, c'est de ne ramener que progressivement à la surface
cette couche inférieure.

C'est avec les plantes sarclées bien fumées qu'on peut
commencer l'expérience ; les céréales viendront après, et

trouveront un terrain déjà en voie de perfectionnement.

Par conséquent à chaque labour on tachera de faire pénétrer la charrue un peu plus profondément.

En même temps, pour arriver à ameublir le sous-sol sans porter la terre à la surface avant qu'elle n'ait pu être améliorée par l'infiltration des engrais, on fera suivre la première charrue par une petite charrue sans versoir qui fouillera le sous-sol qu'a laissé intact la première, sans le monter au niveau du sol ; cette charrue porte le nom de *Grappin*.

Les terrains facilement perméables à l'eau peuvent à peu près être labourés en tous temps, mais il est loin d'en être de même pour les autres.

Lorsqu'il y a surabondance d'humidité, tantôt ils adhèrent au soc et au versoir de la charrue, tantôt ils se compriment en bandes boueuses, sans aucune porosité et la sécheresse les transforme en véritables pierres ; les animaux en les piétinant augmentent encore cet inconvénient.

Lorsqu'ils sont trop secs, outre qu'il est presque impossible de les travailler, ils se divisent en mottes d'une extrême dureté que le rouleau et la herse ne peuvent briser.

Il est donc indispensable de choisir le moment où les pluies les ont humectés assez profondément sans les saturer.

Il est facile de comprendre qu'on doit laisser tout autre travail pour effectuer les labours quand le moment est propice, sans quoi soit l'humidité, soit la sécheresse peuvent rendre cette opération non seulement difficile mais très mauvaise pour l'avenir des récoltes.

Je dois ici donner, en passant, un avertissement très essentiel :

Pour les seconds labours, il est très dangereux de labourer la terre ou de passer la herse quand le terrain est très sec, et que la pluie n'a pénétré qu'à la surface de la couche arable, de telle sorte qu'on enfouit cette humidité et qu'on ramène de la poussière au dehors.

Un labour imprudent, fait dans ces conditions, produit l'effet connu sous le nom de *terre gâtée* et il est en effet bien reconnu par tous les praticiens, qu'à la suite d'une pareille opération, la terre reste improductive pendant deux ou trois années et ne produit que de mauvaises herbes.

Donc, je veux le répéter encore : en été, quand le sol est sec, il faut attendre pour labourer que les pluies aient pénétré assez profondément pour que la terre retournée par la charrue, arrive avec la même dose d'humidité que celle qui a été enfouie.

Le même inconvénient se produit lorsqu'on laboure avec la gelée que l'on cache ainsi dans le sol. Cette gelée y porte pour longtemps un refroidissement qui s'oppose à la germination des semences ou à leur développement.

XIII

PRAIRIES ARTIFICIELLES

—

Nous sommes arrivés au mois de février ; nous profiterons des premiers beaux jours pour saisir le moment où notre terrain sera dans un état convenable et donner un second labour à nos champs destinés à la luzerne.

Notre champ est depuis longtemps dépourvu d'éléments nécessaires à la végétation et puisque nous voulons obtenir un résultat certain et indispensable, nous devons lui en fournir.

Vous entendez dire qu'autres fois les plantes fourragères duraient de longues années sur le même sol et qu'aujourd'hui elles sont bientôt perdues.

Pour bien nous rendre compte de ce fait, nous allons examiner leur mode de nutrition.

Ces plantes sont appelées *améliorantes* et cependant elles prennent dans le sol des quantités d'azote bien supérieures à celle que prend le blé qui est considéré comme une plante *épuisante*.

Pour bien comprendre ce résultat en apparence si extraordinaire, examinons la forme et la dimension des racines de ces plantes fourragères.

Il est facile de voir qu'elles sont conformées de manière à pouvoir aller chercher à une grande profondeur, hors de la région où vivent habituellement les racines des céréales,

les principes fertilisants dispersés ou accumulés au-dessous de la couche arable ordinaire.

Celles de la luzerne surtout vont à des profondeurs de plusieurs mètres et là encore elles trouvent de l'azote.

M. Isidore Pierre, qui a fait des analyses en prenant des échantillons successifs jusqu'à un mètre, a trouvé :

Depuis 25 centimètres, jusqu'à 50			5,059 kilog.
Depuis 50	—	— 75	3,479 —
Depuis 75	—	— 1 mèt.	2,816 —
		Total	11,354 —

Et on en trouverait encore au-delà de cette profondeur.

Les racines de ces plantes fourragères pourront donc trouver dans les régions du sol où elles pénètrent, ces principes fertilisants qui leur sont indispensables et c'est parce qu'elles les y trouvent, qu'elles vont les y chercher pour augmenter leur développement.

Il en est certainement de même pour l'acide phosphorique et les autres principes minéraux du sol, chaux, soude, potasse, etc.

Il paraît donc bien établi que c'est le sol qui fournit aux plantes fourragères la majeure partie de l'azote et des principes minéraux qu'elles renferment et qu'elles tirent ces substances de la couche inférieure du sol où n'arrivent pas les racines des céréales qui n'épuisent que les couches superficielles.

Mais à leur tour les plantes fourragères épuisent les couches profondes du sol avec d'autant plus de force qu'elles y y auront été plus fréquentes et plus abondantes.

Quand elles ont été cultivées pour la première fois, elles y ont trouvé : *le vieux fond de richesse naturelle de ces couches,* c'est-à-dire une quantité de principes fertilisants accumulés depuis des siècles. Aussi au début, ces cultures ont été d'une vigueur luxuriante.

Depuis longtemps, si une partie des éléments de l'engrais s'était unie intimement avec les éléments de la couche arable, une autre partie par une sorte d'infiltration, sous l'influence des eaux pluviales et de la capillarité, avait pénétré à des profondeurs d'autant plus grandes que le sol était plus perméable.

Voilà l'origine de l'accumulation de ces matières.

Quand les sources de fécondité qui alimentent ces couches profondes du sol sont absorbées par les racines des plantes, il est évident que si, dans un temps donné, le prélèvement est inférieur aux apports, ces couches pourront s'enrichir.

S'il y a égalité, leur fécondité pourra se maintenir sans éprouver de changement sensible ; enfin si le prélèvement marche plus vite que les apports chargés de l'entretien, il y aura épuisement d'autant plus rapide que la différence sera plus grande.

On voit par là qu'avant de faire revenir la luzerne, le trèfle ou le sainfoin sur le même sol, il faut qu'il se soit écoulé un certain nombre d'années, variable avec le climat, la nature et la richesse du sol, variable avec les cultures et enfin variable avec l'abondance des engrais employés pour les obtenir.

On a donné à ces plantes fourragères la qualification d'*Améliorantes*.

Il est universellement reconnu que la culture des céréales réussit mieux après celles du trèfle, de la luzerne ou du sainfoin,

Que la culture préalable de ces plantes fourragères peut

équivaloir à une fumure et permettre une ou plusieurs récoltes sans engrais.

Ce sont les résidus (racines, fleurains), de ces plantes qui laissent, surtout au moment de la destruction de la prairie, des éléments de fertilité qui peuvent être évalués comme suit :

Trèfle,	15,667 kil. de bon fumier de ferme par hect.	
Sainfoin,	27,333 —	— —
Luzerne,	55,833 —	. — —

Il sera cependant très difficile de remédier à l'épuisement des couches profondes du sol qui a lieu lentement et qui ne se reconstituera qu'avec le temps.

Nous pouvons donc être certains, que ce n'est qu'avec une restitution de principes fertilisants, que nous pourrons atteindre ce but.

Mais dans les terrains où les cultures fourragères n'ont pas été essayées, en améliorant, pour la réussite de la première année, la couche arable, nous pouvons espérer qu'une fois que la plante aura des racines solides, elle s'enfoncera dans le sol et deviendra vigoureuse.

Nous devons donc sans hésiter employer les engrais chimiques qui renferment tous les éléments qui lui sont indispensables si le fumier nous fait complètement défaut.

C'est le capital d'exploitation le plus nécessaire et aussi celui qui nous promet le plus d'avantages.

L'engrais indiqué par M. Joulie pour ce genre de culture est le superphosphate azoté (incomplet nº 2), il faut de 800 à 1000 kil. par hectare ; pour nos deux hectares c'est une dépense à peu près de 500 francs.

Nous avons dit qu'il fallait d'abord améliorer la couche arable afin que la plante puisse pousser des racines solides.

Nous divisons notre engrais en deux parts .

Nous enfouirons la première avec le second labour de manière à ce que les racines le trouvent à 15 ou 20 centimètres de profondeur. Nous garderons la seconde pour la répandre à la surface du sol et la couvrir par un coup de herse ; celle-ci servira à faciliter la sortie des racines.

Nous donnons donc à notre sol un second labour qui remonte à la surface tout ce que le premier avait enfoui, des herbes de toutes nature et une quantité de chiendent. Tout cela doit être enlevé avant de jeter notre graine, le chiendent surtout, parce que partout où cette plante parasite se propagerait, notre luzerne serait perdue.

Nous emploierons d'abord l'extirpateur ; mais comme il ne doit en rester aucun fragment, qui chacun formeraient une nouvelle plante, quelle que soit la dépense, nous ferons tout enlever à la main avec le plus grand soin.

Ce travail doit être parfait, sinon point de réussite.

En examinant une dernière fois notre terrain, nous remarquons : que les eaux qui le rendaient insalubre ont été complétement enlevées par le drainage ; on ne voit plus de trace d'humidité.

Il n'est absolument resté aucun fragment des mauvaises herbes, le champ est très propre.

Nous allons répandre la seconde part d'engrais chimique et le couvrir par un coup de herse.

Il est essentiel que l'engrais soit distribué d'une manière régulière, qu'il soit bien pulvérisé et qu'il ne soit pas accumulé par places sans quoi la semence serait brûlée.

Il faut choisir un jour où le vent ne souffle pas fort. Si on craint de ne pas le diviser assez pour le répandre bien uniformément ou qu'il puisse être entraîné par les vents, on peut en augmenter le volume en le mélangeant préalablement avec 4 ou 5 fois le volume de terre ou de sable.

Il est bon que l'engrais soit légèrement enterré.

Aux premiers beaux jours de mars, nous jetterons la graine que nous recouvrirons aussi au moyen d'un hersage très léger.

Voilà nos prairies artificielles de l'avenir.

Mais en attendant leur venue, essayons de nous procurer çà et là, quelques fourrages.

Dans nos champs semés en céréales, nous ferons un choix pour jeter des graines de trèfle et de sainfoin.

Au moyen du sulfate de chaux (plâtre) répandu au printemps de l'année prochaine, nous pourrons peut-être avoir quelques résultats partiels ; ce qui ne pourra pas être fauché, servira de dépaissance au troupeau.

Ce travail complètement terminé, nous allons nous occuper des terres qui doivent servir à nos plantes sarclées.

Nous y transporterons la petite quantité de fumier que nous avons en réserve et nous procèderons à un second labour.

Nous n'aurons pas besoin, comme pour la luzerne, d'enlever préalablement à la main les mauvaises herbes revenues sur le sol. Ce travail se fera plus économiquement en sarclant les plantes, une et deux fois, si c'est nécessaire.

Pommes de terre, betteraves, carottes, etc., peuvent être mises en terre ainsi que le maïs, aussitôt que le temps sera favorable.

Tous nos travaux de printemps terminés, nous ne laisserons pas nos bœufs à l'étable et, à mesure que le temps le permettra, nous donnerons le premier labour pour nos céréales de l'hiver prochain.

Nous devrons déterminer, à peu près au moins, l'espace de terrain qu'elles doivent occuper : c'est ce qu'on appelle *l'assolement.*

XIV

ASSOLEMENT

L'assolement c'est l'art de faire alterner les cultures sur le même terrain pour en tirer constamment le plus grand produit aux moindres frais possibles.

On a remarqué que lorsque certaines variétés de plantes ne pouvaient plus venir sur un terrain, d'autres espèces différentes y prospéraient parfaitement ; aussi a-t-on établi le principe suivant : A une plante d'une certaine espèce, d'un certain genre ou même d'une certaine famille, il faut faire succéder autant que possible une plante d'une autre espèce, d'un autre genre et d'une autre famille, parce que ces différentes plantes ne puisent pas dans le sol les mêmes sucs nourriciers.

S'il y a des exceptions, elles sont si rares qu'elles ne sauraient faire loi.

On peut dire enfin que si quelques végétaux semblent se soustraire aux besoins de l'alternance pendant un long temps, d'autres peuvent se succéder à de courts intervalles et enfin il en est qui refusent de croître avec succès à la même place à moins d'une longue interruption, pour les trèfles par exemple et surtout pour les luzernes si on les a ramenés trop fréquemment sur le même terrain.

En considérant la chose sous un autre point de vue, Il est hors de doute que telle ou telle plante réussit mieux ou plus mal après telle ou telle culture.

Aux cultures qui facilitent la croissance des mauvaises herbes et notamment à celle du blé, il faut faire succéder d'autres cultures qui les détruisent ou les empêchent de se développer.

Les récoltes, que l'on doit biner ou sarcler, sont très propres à précéder et à suivre celles qui ne comportent pas de telles façons.

C'est en quelque sorte une jachère productive qui prépare aussi bien la terre pour une culture de céréales que l'aurait fait une jachère stérile.

Il paraît, à tous les points de vue, avantageux dans les terres d'une fécondité ordinaire, d'employer les fumiers de litière peu consommés pour la récolte qui précède les blés quand elle doit être bien sarclée, binée et buttée, parce que lorsqu'on applique directement les fumiers aux blés, une surabondance de matières nutritives peut les faire verser et souvent développer la paille au préjudice du grain. De plus il peut naître une grande quantité de mauvaises herbes très difficiles à détruire dans la récolte.

Les récoltes racines, qui exigent à la fois de profonds labours et de nombreuses façons d'entretien comme les betteraves, les carottes, les navets, les pommes de terre, ont l'avantage de ne jamais redouter la surabondance d'engrais, de ne consommer qu'en partie celui qui se trouve dans le sol, d'ameublir, de nettoyer la couche labourable.

Il est évident que partout où l'on peut varier beaucoup les productions de la culture, il n'est pas difficile de trouver de bons assolements.

Malheureusement cela n'est pas toujours aussi aisé qu'on pourrait le croire au premier aperçu : la qualité du sol, le climat, les besoins de consommation locale, les difficultés de transports, le haut prix de la main d'œuvre et le manque de capitaux, sont autant de causes qui peuvent gêner les meilleures combinaisons et s'opposer d'une manière absolue à leur application.

D'après ce que nous venons de dire, il est facile de comprendre que dans les plaines unies , d'une culture aisée et productive, on doit préférer les plantes du plus grand rapport, céréales, fourrages légumineux, plantes sarclées et enfin tous les végétaux qui peuvent répondre par la richesse de leurs produits aux soins laborieux et onéreux qu'ils exigent.

Mais dans les terrains sujets aux inondations, qui seraient minés par les eaux, s'ils étaient divisés par les labours, sur des landes infécondes, sur des pentes peu faciles aux travaux de la charrue et que les eaux viendraient raviner, enfin dans tous les sols médiocres, non seulement le choix des objets de culture est beaucoup plus restreint, mais il faut avant tout simplifier les frais de main d'œuvre.

Les labours deviendront moins fréquents ; les engrais seront réservés pour les meilleures terres et on arrivera ainsi à une appropriation qui sera surtout économique.

Mais ce n'est pas encore tout de trouver un assolement qui convienne à la terre, au climat et même à la localité.

Il faut le coordonner de manière à pouvoir en suivre toute l'année les travaux avec régularité et ne pas être surchargé dans certains moments et inoccupé dans d'autres.

XV

DES JACHÈRES

Le but principal des Jachères ou terrains laissés sans culture pendant quelque temps, est de reposer la terre, en ne lui faisant pas porter continuellement des céréales , de donner le temps et les moyens de la façonner convenablement de manière à prévenir l'envahissement des mauvaises herbes, enfin accidentellement de ménager quelques dépaissances aux troupeaux.

Si les jachères ont un but d'une utilité incontestable quand le sol sans culture ne produit que des plantes qui ne couvrent que quelques parties de la surface et dont les débris ne sont d'aucun avantage pour la couche arable, on a beaucoup plus à gagner à ameublir le sol après la moisson quel que soit le peu de profondeur des labours et au moyen d'un hersage énergique d'exposer au soleil d'août les plantes vivaces à racines traçantes ; la plupart sont détruites ; en même temps les graines qui sont tombées pendant la récolte des céréales, sont enterrées. Un second labour, donné avant l'hiver, les ramènera à la surface.

La plupart germeront et seront toutes détruites par un nouveau labour au printemps.

C'est le moyen le plus sûr de nettoyer le sol de tous ces végétaux adventices.

Pour ce qui concerne le pâturage à laisser aux troupeaux, quelques brins d'herbe médiocre ne compenseront jamais la perte qu'éprouve la terre vis-à-vis des récoltes futures.

XVI

CULTURES AMÉLIORANTES

La culture améliorante a pour but d'accroître par une transition plus ou moins rapide, l'aptitude productive du sol, c'est-à-dire sa fertilité, sa fécondité, sa faculté de produire des récoltes plus abondantes, plus variées, plus indépendantes des vicissitudes atmosphériques et par cela même d'un prix de revient réduit à son minimum.

Deux sortes d'améliorations peuvent être entreprises sur le sol : les unes dites *culturales* consistent à mieux fumer, mieux labourer, mieux assoler la terre et ne réclament à ce titre que des opérations d'un effet temporaire. Les autres dites *foncières ou permanentes* consistent en irrigations, défrichements, drainage, constructions, chemins, ouvrages d'art, etc.

Bien que les améliorations permanentes tendent à accroître la plus-value du sol, avant de jeter ses capitaux, il faut ne jamais oublier que des circonstances particulières peuvent influer sur cette plus-value, surtout quand il s'agit d'améliorer pour revendre ou affermer à plus haut prix.

Naturellement un chemin de fer, un canal, des routes vicinales changent beaucoup l'aspect d'un pays et fournissent de nouveaux débouchés. La valeur des terres peut augmenter. D'ailleurs les mauvaises terres doivent être améliorées par les bonnes qui seules peuvent produire des fourrages dans les conditions de succès les plus régulières.

Avec ces fourrages on pourra entretenir du bétail et produire des fumiers pour améliorer les terres de qualité inférieure.

On arrivera à fortifier la culture améliorante en réservant au début pour les racines et les plantes fourragères ; les terres qui produisent avec le plus d'abondance, le plus de sécurité et le moins de frais de transport.

C'est le système de *temporisation*.

De ce qui précède il résulte : que deux principaux systèmes de culture améliorante peuvent être mis en œuvre l'un sans l'autre ou l'un avec l'autre dans une seule et même entreprise rurale.

L'un de ces systèmes appelé *intensif* procède par le capital, c'est-à-dire par l'emploi immédiat de beaucoup d'argent. L'autre appelé *extensif* procède par le temps, c'est-à-dire à mesure que l'on a des ressources.

Si l'un consiste à chercher de gros bénéfices en employant de gros capitaux, l'autre attend du temps l'accroissement du capital nécessaire à une culture plus active.

On peut donc dire que la culture intensive est le but, et la culture extensive le moyen d'y arriver.

La jachère, le pâturage et le boisement peuvent et doivent être les moyens d'action dans l'œuvre complexe de la culture améliorante appliquée aux terres à bon marché.

Ces moyens d'exploitation réclament beaucoup moins d'avances que la culture arable à récoltes continues.

Le matériel, les attelages, le personnel peuvent être moindres.

Un bétail composé des races rustiques de la localité, qui s'achètent et se vendent facilement sur les marchés, donne des bénéfices avec un capital moyen.

On l'entretiendra l'été sur les terrains en friche et l'hiver quelques racines et un peu de feuillée, lui suffiront.

Aussitôt que les fourrages de haut rendement commencent à arriver, la culture *intensive* arrive aussi : le bétail se nourrit de plus en plus à l'étable, les engrais augmentent et deviennent les agents de la production agricole à bon marché ; mais en même temps il faut plus de capitaux pour augmenter son bétail, ses bâtiments, ses instruments agricoles.

Tout cela ne doit jamais être perdu de vue.

Relativement aux engrais, on peut dire que dans la culture intensive, fumer les plantes au maximum avec des engrais qui leur sont appropriés et qui coûtent moins que les excédents de récoltes qu'ils procurent, constituent les cultures conduites avec intelligence.

Par leur qualité d'engrais complexes, les fumiers peuvent, dans les terres saturées de vieil engrais, résoudre le problème de l'alimentation végétale.

Mais au point de vue des fumures d'entretien et des fumures de production, le cultivateur se trouvera toujours bien d'alterner avec les fumiers les engrais azotés, phosphatés, enfin tous les engrais spéciaux.

Dans les terres appauvries, le fumier seul ne pourrait rendre au sol que les substances qu'il a reçues lui-même par les fourrages et la litière. Le phosphate et le calcaire, dont une culture active réclame impérieusement la présence, manqueraient en grande partie puisque le premier reste à l'animal pour constituer son ossature et que le second est aussi le plus souvent employé dans l'organisme.

Les engrais auxiliaires sont donc indispensables.

Il résulte de ce que nous venons de dire qu'un assolement fixe ne peut être établi que lorsque chaque partie du sol de la propriété a été amendé de manière à produire les récoltes qu'on lui confie.

Nous ne pouvons donc pas fixer dès aujourd'hui l'assolement de notre propriété ; ce ne sera que lorsque les céréales pourront prendre la place qui leur appartient.

Enfin quand au début, on se trouve comme nous sinon sans fumier du moins avec une quantité tout à fait insuffisante pour les terres destinées aux céréales, on doit, sur une partie des champs, employer comme engrais l'enfouissement des plantes vertes.

On emploie généralement comme engrais verts, les plantes qui se nourrissent plus dans l'air que dans le sol, qui végètent rapidement, s'enterrent et se décomposent facilement, mais surtout dont la semence est peu coûteuse, tels sont : le colza, la navette, le sarrazin, la moutarde jaune, le lupin blanc.

On comprend que ces plantes ayant grandi aux dépens du sol mais surtout de l'air, rendent ainsi au sol non seulement ce qu'elles lui ont pris, mais qu'elles l'enrichissent de tout ce qu'elles ont puisé dans l'air.

C'est donc un moyen économique de donner, quand on n'a pas de fumier, des qualités fertilisantes aux terres que l'on veut semer en seigles, avoines et orges.

XVII

FOURRAGES

Nous sommes arrivés à l'époque de la récolte des fourrages ; pour cette année elle sera bien légère, mais ce sera une raison pour tout bien recueillir.

Je crois devoir en passant vous dire un mot des instruments employés à cet usage.

Il sera inutile de parler de la faux que tout le monde connaît.

Aujourd'hui dans les exploitations un peu considérables, quand on peut disposer de deux chevaux, on se sert de faucheuses. J'en ai fait longtemps usage, je puis donc formuler mon opinion :

Traînée par un cheval, la faucheuse marche mal.

Le travail des faucheuses est beaucoup plus économique que celui de la faux ; mais il faut que le sol soit bien nivelé.

Quand il y a des inégalités, la scie ne portant souvent qu'aux deux extrémités, coupe très haut au milieu.

Les rigoles et les arbres exigent un faucheur pour régulariser les parties que la machine ne peut jamais faire, on est même exposé à la briser si l'on passe trop près des arbres.

Il ne doit pas y avoir sur le sol le moindre petit caillou, sans quoi il est pris par les dents de la scie qu'il ébrèche, qu'il casse souvent et le renouvellement de ces dents n'est pas chose facile.

6

L'entretien de la scie parfaitement affutée est un travail délicat et si elle ne coupe pas, la besogne est très mal faite.

En somme, je suis convaincu néanmoins que lorsqu'on a de bons chevaux à sa disposition et une grande quantité de fourrages à abattre, l'emploi d'une faucheuse devient une économie certaine à condition que l'on ne l'emploiera que dans les parties de la prairie qui lui conviennent et qu'on fera couper le reste avec la faux.

Quand le foin est coupé, il faut l'exposer successivement dans toutes ses parties aux rayons solaires pour en obtenir la dessiccation.

On se sert ordinairement de fourches ; mais dans la grande culture, on a adopté des machines appelées *Faneuses*, composées d'un grand rouleau monté sur des roues, qui au moyen de crochets, soulève les fourrages et les retourne en les secouant plus ou moins énergiquement suivant que les crochets agissent directement ou en sens contraire.

Le fourrage est mis tous les soirs en meulons pour le préserver de l'humidité de la nuit et est rentré en grange quand la dessiccation est complète.

S'il n'en était pas ainsi, il se produirait une fermentation qui non seulement le rendrait de qualité très inférieure, mais pourrait causer des incendies.

XVIII

RÉCOLTE DES CÉRÉALES

Nos fourrages seront à peine engrangés, que les céréales auront atteint leur maturité.

Il n'y a pas de temps à perdre pour les cueillir avant que le grain ne se détache et tombe sur le sol.

On commence ordinairement par les seigles, puis l'avoine et le froment.

Tout le monde connaît la faucille dont on se servait autrefois. Cet instrument est presque complètement abandonné, parce que d'abord il ne produisait pas un grand travail et qu'en outre il coupait la paille trop haut.

On se sert généralement aujourd'hui de la faux à laquelle on adapte un crochet ou râteau qui dispose régulièrement les épis, qu'une légère secousse dépose sur le sol.

De même que, dans les grandes exploitations, on a remplacé la faux par les faucheuses, de même pour les moissons on a créé des machines qui portent le nom de *moissonneuses*.

Ces machines étaient, dans le principe, très incomplètes ; elles ne faisaient qu'abattre la récolte qu'un ouvrier alignait sur le sol avec un râteau.

Aujourd'hui, elles ont été très perfectionnées puisque non seulement les unes coupent et font avec la plus grande uniformité la gerbe prête à lier, mais que les autres complètent ce travail en liant la gerbe jusqu'ici avec du fil de fer ou de la ficelle et, aujourd'hui avec la paille elle-même. Les charrettes peuvent suivre et enlever immédiatement la récolte.

Mais cela n'est pas toujours sans inconvénient parce que soit à cause de l'humidité de certaines journées, soit à cause des herbes vertes qui se trouvent mêlées à la paille, il se produit dans les gerbes une fermentation qui est dangereuse à tous les points de vue.

On a donc, à cause de cela, inventé des lieuses indépendantes, c'est-à-dire des machines qui peuvent lier les gerbes étendues sur le sol, plusieurs jours après leur abattage.

Nous ne pouvons pas nous dispenser de vous signaler les râteaux automatiques qui, traînés par un cheval, rendent de si grands services soit pour la récolte des fourrages, soit pour celle des céréales.

Moyettes. — Quand le temps est pluvieux, on est forcé de retourner les javelles ou de les dresser debout pour les faire sécher et empêcher ainsi la germination des grains.

Pour éviter ces accidents, on dresse une gerbe sur le sol ; on l'entoure de six à huit gerbes selon leur grosseur, en ayant soin d'éloigner un peu leur partie inférieure du pied de la première gerbe centrale de manière à ce qu'elles ne la touchent pas.

Lorsque les gerbes ont été ainsi disposées, on recouvre tous les épis avec une forte gerbe ouverte en forme d'entonnoir, et renversée. Ce chapeau protége bien les gerbes contre la pluie et permet au dizeau de résister aux vents.

Aussitôt la moisson terminée, nous devrons nous occuper à donner un second labour aux terres destinées aux céréales d'hiver.

Les labours complémentaires, soit pour bien niveler le sol, soit pour détruire les mauvaises herbes, se continueront jusqu'à mi-septembre.

XIX

ENSILAGE

Nos provisions étant très peu abondantes, nous avions semé une grande quantité de maïs fourrage ; la consommation dure depuis longtemps mais il en restera beaucoup ; que pourrons-nous en faire ?

Je vais vous prouver que rien ne se perdra :

Tandis que le Nord jouit d'un climat équilibré qui lui permet de développer largement ses productions fourragères, le Midi se trouve sous le coup de longues sécheresses estivales qui ne lui permettent pas de régulariser ses récoltes de fourrages.

De là la difficulté d'emmagasiner des provisions pour l'hiver et par suite d'entretenir un nombreux bétail pour la production de grandes quantités de fumier.

La région sèche du Maïs, produisait bien cette plante qui donne, soit comme grains, soit comme fourrages les plus hauts rendements par hectare.

Mais ce fourrage n'était apprécié qu'à titre de fourrage vert, à consommer aussitôt coupé, c'est-à-dire pendant deux ou trois mois de l'année.

L'ensilage du maïs, c'est-à-dire sa conservation dans les silos, a changé la face des choses. Par l'ensilage, le maïs sans rien perdre de ses autres mérites, devient un fourrage à consommation hivernale.

Il se conserve pour l'époque aussi éloignée qu'on la

veuille où le réclame la nourriture d'hiver du bétail à l'étable.

D'après M. Grandeau, le maïs fourrage est composé comme toutes les matières végétales alimentaires, d'un certain nombre de principes immédiats qui jouent dans la nutrition des rôles différents.

Les plus importants parmi ces principes, sont :

1° *Les matières azotées ;* 2° *le sucre ;* 3° *la matière grasse ;* 4° *la fécule ou amidon ;* 5° *la cellulose.*

Dans les silos, ces principes immédiats subissent sous l'influence de la fermentation, diverses modifications dont le résultat final a pour conséquence d'amener l'enrichissement du fourrage en certains principes aux dépens des autres qui disparaissent sous forme d'eau, d'acide carbonique, d'alcool et autres composés volatils.

Récolte du maïs pour l'ensilage. — Lorsque le maïs commence à former son grain, c'est-à-dire lorsque le grain quitte l'état laiteux pour devenir demi-consistant, le moment est venu de le récolter pour la mise en silos.

Quand on doit hàcher le maïs, il est inutile de le faire sécher, à condition que l'opération sera faite instantanément.

Mais si le hàchage doit être différé, il faut le placer debout afin qu'il ne s'échauffe pas et ne se moisisse pas comme il arriverait si on le laissait couché sur la terre.

Quand le maïs doit être ensilé dans toute sa longueur, sans hàchage, il devient préférable de le faire sécher en plein champ, car, ensilé dans l'état de fraîche récolte, il ne peut être tassé, l'air reste entre les tiges et l'opération devient mauvaise.

Divers types de silos. — Il y a deux principaux types de silos :

Les silos temporaires en terrassements, les silos permanents en maçonnerie.

Les uns et les autres sont à *fleur de terre* quand ils sont assis en sols humides, *En caves et demi-caves* lorsque la terre est saine.

Tous doivent être d'un accès facile pour les fourrages, être à l'abri des pluies et des eaux souterraines, intercepter l'air extérieur, se prêter au tassement de la masse ensilée et présenter la moindre ouverture possible exposée à l'air pendant l'extraction.

La largeur d'un silo peut être de trois mètres, la hauteur de deux mètres, la longueur à volonté. Il doit être revêtu d'une couche de terre d'une épaisseur de 45 centimètres. La forme est triangulaire et aplatie au sommet.

La terre de revêtement est tirée de deux fossés qu'on creuse de chaque côté du silo et qui favorisent l'écoulement des eaux hivernales. Ces fossés sont ainsi en contre-bas du silo qui reste toujours sec...

Vous comprendrez parfaitement qu'avant de mettre la terre sur le fourrage, il faut y placer quelque chose qui l'empêche d'y descendre et de s'y mêler ; pour cela on dresse de la paille de seigle sur toutes les faces du silo et c'est là-dessus qu'on pose la terre.

Il est ordinaire que les parois se moisissent sur une épaisseur de 5 à 10 centimètres.

Il est évident que pour établir des silos en déblai, il faut que la terre soit très saine.

On creuse un fossé de 3 mètres de largeur à sa base et de 4 mètres au niveau du sol pour que le tassement s'opère bien. On dépose des deux côtés la terre retirée de la fosse.

Si on la garnit de maïs non haché, mais assez fané, on le disposera bien parallèlement et sans l'entremêler dans la fosse de façon à ce que toutes les tiges soient couchées dans le sens de la longueur.

On tasse fortement et après avoir élevé la masse de fourrage en forme de talus, en tassant toujours, jusqu'à la hauteur indiquée, et avoir posé le revêtement de paille, on le couvre de terre.

Les silos en maçonnerie sont certainement plus parfaits que les précédents, mais quand les terres sont bien saines, on peut se dispenser de faire cette dépense.

Selon l'état d'humidité du sol, ils seront comme les autres, ou assis à fleur de terre ou bien creusés en caves et demi-caves.

Ils sont tantôt couverts en terre, tantôt abrités par des couvertures en charpente, sous chaume, roseaux, tuiles, etc.

Chaque couche de maïs ensilé doit être saupoudrée de sel d'autant plus abondamment que le maïs est plus vert et plus humide.

Il est très économique de se servir de sel dénaturé et il n'est pas trop difficile de s'en procurer.

Un point essentiel c'est, lors de l'extraction journalière du fourrage ensilé, de ne pas laisser pénétrer l'air dans la masse, de boucher bien hermétiquement avec des bottes de paille la surface d'attaque, surface qu'il importe de réduire aux moindres dimensions possibles pour pouvoir la fermer plus facilement.

Je vous répète de nouveau que si l'air pénètre dans le silo, tout sera pourri et ne formera que du fumier.

Ce n'est pas seulement le maïs qui peut être soumis à l'ensilage ; on peut conserver de la même manière et avec le même profit le sorgho, le millet, le colza, la navette, le chou, le trèfle, le ray-grax, les vesces, le seigle, les feuilles de betteraves et de carottes, les feuilles de vigne, d'arbres, la paille de maïs ayant produit son grain.

Enfin on peut faire du fourrage propre à ensiler avec toutes les plantes à rapide développement qui ne seraient propres à la nourriture des bestiaux qu'à la condition d'être consommées immédiatement à l'état frais.

XX

ENSEMENCEMENTS

Vers la fin de septembre, quand le sol ne sera pas trop sec pour se laisser pénétrer par la charrue, nous défricherons nos vieilles prairies artificielles et nous y sèmerons de l'avoine qui sera recouverte avec la herse.

Il ne faut jamais donner deux labours parce que l'on ramènerait à la surface sans profit tous les détritus des plantes enfouies qui représentent une fumure.

Vers la mi-octobre nous ensemencerons les seigles dans une terre qui sera plutôt sèche qu'humide.

A la fin du mois nous commencerons les semailles du blé qui, sans demander un sol boueux, se trouve bien d'une terre plutôt humide que sèche.

Il ne suffira pas que notre sol soit bien préparé, bien fumé même, pour avoir de belles récoltes. La qualité de la semence que nous confierons à la terre, sera un des premiers éléments de succès.

Il n'est pas difficile de comprendre qu'un grain de blé incomplet, qui n'est pas parfaitement conformé, qui est ce qu'on appelle *serré*, c'est-à-dire surpris par la chaleur avant sa maturité, donnera une tige grêle, non seulement incapable de produire de beaux épis, mais sujette à être détruite par les gelées.

C'est ce qui fait que, la plupart du temps, quoique ayant jeté sur le champ la quantité de semence réglementaire, les blés sont très clairs après l'hiver.

Dans tout épi, blé, maïs, etc., les grains du fond et du haut de l'épi doivent être rejetés pour la semence parce qu'ils sont tous petits et rabougris.

On peut toujours avec un trieur, ou si non à la main, arriver à produire quelques hectolitres de blé bien choisi et ce point essentiel est trop souvent négligé.

La seule préparation nécessaire avant de livrer le grain à la terre est le chaulage ou le sulfatage, opération fort importante qui a pour but principal de détruire à la surface des grains de blé les poussières globuliformes qui servent à la reproduction de la carie et du charbon.

On emploi le sulfate de cuivre (vitriol) dissous et fort étendu d'eau ; on emploie quelquefois simplement la chaux.

Le chaulage se fait par aspersion ou par immersion, il suffit que le grain soit bien mouillé dans toutes ses parties.

Relativement à la manière de répandre la semence, on la jette ordinairement à la volée et, dans ces conditions, on emploie 2 hectolitres par hectare, plutôt moins que plus.

Lorsque les champs sont bien nets de mauvaises herbes, ce mode d'ensemencement peut suffire et la récolte bien venir.

Mais lorsqu'on prévoit que des sarclages seront nécessaires, l'épandage de la semence au moyen du semoir évite bien des inconvénients et beaucoup de frais.

Sans parler de la régularité du travail, on économise toujours un tiers du grain de la semence.

Avec les semis en ligne, les binages sont faciles et la destruction des mauvaises herbes assurée. Les chaumes acquièrent plus de force et le blé est moins sujet à verser.

La graine de trèfle ou de sainfoin jetée au printemps sur ces terres fraîchement travaillées, réussit bien mieux que lorsqu'elle ne trouve qu'un sol durci par les pluies de l'hiver.

Les objections qu'on a faites contre l'emploi du semoir, dans les sols pierreux ou en pente, ne sont pas fondées.

Pour ce qui est du capital déboursé pour l'achat de cette machine, il est vite remboursé par l'économie de la semence .

Roulage. — Lorsque les terres légères, tourbeuses, calcaires ou crayeuses, ont été soulevées par l'effet des gelées et qu'il s'est formé à leur surface un boursoufflement qui met à nu une partie des racines, on passe sur le champ un rouleau dont la pesanteur est proportionnée à la porosité du sol.

Le tassement qui en résulte peut sauver la récolte d'une destruction complète.

Hersage. — Dans le courant de mars, aussitôt que la terre est suffisamment ressuyée, on passe la herse sur les blés pour leur donner un léger binage, mais il ne faut pas que les terres soient trop légères ; on comprend parfaitement les inconvénients que ce travail pourrait avoir dans de pareilles conditions : la récolte serait arrachée. Cette opération est parfaitement inutile dans les blés semés en lignes au moyen de semoir puis qu'ils ont été binés.

Tout ce que nous venons de dire se rapporte spécialement à la culture du blé.

Seigle. — Le seigle est une de nos plus précieuses céréales sous le double point de vue de ses nombreux usages économiques et de la propriété qu'il possède de prospérer dans beaucoup de lieux où la culture du froment serait impossible ou tout au moins peu productive.

Son grain donne une farine à la vérité moins blanche et moins nourrissante que celle du froment, mais qui, mélangée avec cette dernière, procure un pain de bonne qualité, fort agréable au goût et qui se conserve longtemps frais.

Il sert à la nourriture de l'homme dans une grande partie de l'Europe.

Le seigle est beaucoup moins exigeant que le froment sur le choix du terrain ; il vient et mûrit bien dans les terres les plus légères et il redoute si peu l'intensité du froid qu'il prospère dans les contrées voisines du cercle polaire.

Le terrain, qui lui est destiné, doit arriver par les labours au plus grand ameublissement possible.

Dans ces conditions, le seigle dans les assolements remplace le froment et donne un produit assez remarquable.

Tous les amendements et fumiers favorables au froment, tous ceux qu'on emploie de préférence dans les sols légers, peuvent être avantageusement appliqués au seigle.

Il est urgent de le semer de bonne heure afin qu'au printemps la plante soit assez forte pour résister aux chaleurs d'avril et de mai.

Le seigle ne tallant pas, et sa paille étant surtout recherchée pour sa longueur ; on le sème ordinairement à la volée, mais on pourrait aussi se servir du semoir en laissant entre les lignes un très petit espace.

Orge. — L'orge a des usages aussi nombreux qu'importants. Sa farine donne un pain rude et de qualité inférieure mais nourrissant et sain et qui s'améliore beaucoup par le mélange de seigle et de froment.

Cette graminée donne un excellent fourrage vert et sa paille, comme fourrage sec, vaut mieux que celle du seigle et du froment.

On peut substituer l'orge à l'avoine pour la nourriture des chevaux.

Il existe plusieurs variétés d'orges ; la plus grande partie se sèment au printemps. L'orge se plaît dans les terrains calcaires ni trop compactes ni trop légers.

Quel que soit le nombre de labours pour la préparation de la terre destinée à l'orge, il faut que le sol soit le plus ameubli possible parce que l'orge ne réussit jamais mieux que lorsqu'elle est semée dans la poussière.

Quoiqu'on ne fume généralement pas les terres destinées à l'orge, il faut lui réserver néanmoins celles qui n'ont pas été épuisées par les récoltes précédentes.

On met environ 250 litres par hectares.

Dans un récent numéro du *Bulletin du Ministère*, M. TISSERAND, l'éminent Directeur de l'Agriculture, signale le grand intérêt économique qu'il y aurait aujourd'hui à développer la culture de l'orge et à réserver surtout dans les assolements une plus large part aux variétés supérieures recherchées par la brasserie.

Le bas prix de l'orge et le peu de paille qu'elle donne ont fait négliger cette culture pour celle du blé.

Mais aujourd'hui la situation, sous l'influence de nouveaux débouchés, tend à se modifier.

Les orges de choix propres à la brasserie, atteignent fréquemment par quintal, presque le prix du blé et leur rendement est plus grand que celui du blé de presque un tiers. Cette culture permet de tirer un grand parti des terres crayeuses et calcaires.

Il faut semer seulement les variétés les plus améliorées.

Le succès de cette culture est d'autant plus assuré que la fabrication de la bière prend en France un grand accroissement.

En outre l'Angleterre demande pour soutenir sa production annuelle de 45 à 50 millions d'hectolitres de bière, 7 millions de quintaux d'orge.

L'Allemagne en importe annuellement cinq millions de quintaux métriques, la Belgique et la Suisse en achètent aussi.

Les stations agronomiques et les professeurs départementaux ont été invités à signaler les variétés d'élite.

C'est donc une culture qu'il ne faudra pas négliger.

Avoine. — L'avoine sert beaucoup moins fréquemment que les céréales précédentes à la nourriture de l'homme ; le pain qu'on en obtient est noir, lourd et amer ; sa farine sert à beaucoup d'usages.

Les fanes vertes produisent un fourrage abondant et très sain pour tous les ruminants ; sa paille leur convient aussi, mais ce sont ses grains qui font le principal mérite de l'avoine pour la nourriture des animaux de travail ; il existe de nombreuses variétés.

Si l'orge prospère en dépit des longues sécheresses, l'avoine au contraire aime un terrain frais ; tous les sols lui conviennent presque également, mais elle vient mieux sur les riches friches et sur les terres nouvellement défoncées ; sa véritable place est après une culture sarclée et surtout le défrichement d'une prairie naturelle ou artificielle. Il faut bien cribler l'avoine de semence pour en retirer la folle-avoine et les grains trop menus.

Pour les sols légers, partout où les froids ne sont pas trop intenses, les semailles d'automne doivent être préférées, sinon il faut attendre février et mars, aussitôt que les gelées sont passées.

On jette ordinairement à la volée 4 hectolitres par hectare.

Quand on ne sème pas l'avoine sur les défrichements, mais sur des terres bien effritées, on pourrait se servir avec avantage du semoir en ne laissant entre les lignes que la place de la binette. Il y aurait une grande économie de semence.

XXI

2ME ANNÉE D'EXPLOITATION

———

Résumons les travaux accomplis pendant notre première année d'exploitation :

1° nos terrains drainés sont parfaitement assainis et aucune trace d'humidité ne se montre a la surface;

2° nos vesces mélangées à de l'avoine nous ont fourni une belle quantité de fourrage auxiliaire qui nous mènera loin ;

3° nos deux hectares de luzerne sont parfaitement réussis et nous pouvons espérer pour l'année prochaine beaucoup de fourrage ;

4° notre transformation des bâtiments ruraux, les a rendus convenables et commodes ;

5° les graines de trèfle et de sainfoin jetées dans les céréales sont aussi bien nées ;

6° nos plantes sarclées ont donné un assez bon produit ;

7° enfin nos semailles de blé, seigle et avoine se sont effectuées dans de bonnes conditions sur des terres bien préparées.

Voilà donc la première année terminée.

Quels sont les travaux les plus urgents que nous devons entreprendre de suite ?

Nous avons dit que dans une ferme bien organisée il était indispensable de ne pas s'attacher à une culture exclusive qui à un moment donné exige l'emploi très onéreux d'ouvriers auxiliaires et qui dans d'autres époques, laisse inactifs les gens de la ferme.

Il faut que les gens à gages aient du travail pendant tous les jours de l'année ; que le travail soit bien réglé et que chaque récolte vienne successivement.

Dans ces conditions, *la vigne* qui n'exige la présence des ouvriers ni au moment des semences, des moissons ou de la récolte des fourrages, doit tenir une place dans l'assolement et sera tout à l'heure l'objet de nos études.

7

XXII

LA SOURCE ET LES IRRIGATIONS

En me promenant, pendant le courant de l'année, sur ma propriété, j'ai remarqué au bas de mes bois une place où l'eau séjourne toujours, même pendant les grandes chaleurs. Evidemment, il doit y avoir là une source.

Il faut examiner si elle est abondante et, dans ce cas, si je ne pourrais pas l'utiliser pour des irrigations.

Je fais donc déblayer tout autour, de manière à donner un libre écoulement à ces eaux dont le volume sera ainsi connu.

Ce travail fini, j'ai la certitude que l'écoulement constant de ma source, sera suffisant pour remplir un grand réservoir que je déverserai à volonté sur mon sol.

Quel est le terrain où ces eaux pourront être conduites ?

C'est au moyen du niveau d'eau que je me rendrai compte de la pente nécessaire à leur écoulement.

Mais avant d'entreprendre des travaux peut-être inutiles, assurons-nous bien que la source aura un débit constant.

Qu'entend-on par une source et comment se forme-t-elle ?

Les pluies qui tombent sur des sols perméables, sont absorbées au moment même où elles touchent le sol.

Ces eaux pénètrent les premières couches de la terre où elles portent le nom d'humidité, se mêlent intimement à elle, en remplissent tous les pores et paraissent n'avoir aucun mouvement.

Cependant toutes celles qui échappent à l'évaporation et à la succion des plantes, en vertu de leur liquidité et de leur pesanteur, descendent continuellement à travers les interstices du sol ; en descendant elles en rencontrent d'autres, s'accroissent peu à peu et finissent par devenir des filets perceptibles.

Tout cela se continue jusqu'à ce qu'elles rencontrent des couches imperméables qui changent leur direction et c'est ainsi que se forment les cours d'eau souterrains.

Dans le cas qui nous intéresse, l'explication est facile : ce sont les eaux tombées sur le plateau supérieur qui s'infiltrent dans le sol jusqu'à ce qu'elles ont atteint la couche de marne argileuse qui les fait remonter à la surface.

J'ai donc à cette partie de ma propriété, deux éléments bien précieux de fertilisation : *l'eau et la marne*.

Occupons-nous seulement de l'eau :

Je fais bien nettoyer le sol jusqu'au point où l'eau glisse sur la couche argileuse. De ce point, à l'aide de mon niveau d'eau, je mesure la différence de niveau qu'il y a avec la partie la plus élevée du terrain que je destine à la prairie ; en même temps, avec la chaîne, je détermine la distance qui sépare ces deux points.

Le chiffre total de la différence des niveaux, divisé par le nombre de mètres de distance, me donne une pente de 3 millimètres par mètre, qui est suffisante.

Pour arriver de la source à l'entrée de ma prairie, j'ai à traverser un sol très inégal ; j'aurai à certains endroits à creuser une tranchée un peu profonde, à d'autres à élever le terrain au moyen de remblais ; j'y emploierai toutes les terres qu'il m'a fallu extraire pour bien creuser le lit sur le parcours des eaux de ma source.

D'ailleurs j'ai toute une année pour faire ce travail.

Mais avant d'amener l'eau à mes prairies, il faut les créer, c'est-à-dire bien travailler le sol, le fumer copieusement, en enlever toutes les mauvaises herbes, drainer même toutes les parties où l'eau pourrait séjourner.

Il faudra, d'ailleurs, avant de faire mes rigoles d'irrigation, que mon fourrage soit bien né et ce ne pourra être que dans le courant de l'année qui suivra celle-ci.

Le conduit d'eau, partant de la source, et arrivant au point le plus élevé de notre prairie, prendra le nom de canal d'amener.

La première opération pour bien préparer mon terrain, consistera à le drainer si c'est nécessaire, à le labourer d'abord profondément et ensuite à le niveler au moyen de labours superficiels.

Le terrain devra être travaillé d'autant plus profondément que la terre en sera plus forte ; les terres sablonneuses doivent être légèrement labourées.

Il est de la plus grande importance de semer les espèces fourragères les plus appropriées à la qualité du sol ; elles seront différentes pour une terre fertile de bonne nature argilo-sablonneuse, pour des terres sablonneuses peu riches situées sur les hauteurs, pour les terrains humides, marécageux, tourbeux ou soumis à des inondations périodiques ou à sous-sol imperméable.

Les espèces fourragères n'ont pas de qualités absolues.

Elles ne se maintiennent pas toujours dans le terrain, disparaissent souvent ou perdent de leurs propriétés nutritives.

Chaque espèce cherche à s'étendre en combattant ses voisines et ce n'est qu'après une longue série de luttes que chacune d'elles finit par occuper le rang relatif à sa force de végétation ou à la facilité de sa multiplication.

Il n'est guère avantageux de semer une seule espèce de graine graminée réputée la meilleure attendu que l'expérience a appris que souvent elle disparaissait, çà et là, en laissant des vides préjudiciables.

Quoiqu'on ne puisse jamais être l'arbitre des herbes qu'on voudrait trouver dans ses prairies, il importe néanmoins de choisir les espèces dont les exigences se rapprochent entr'elles sous le rapport de la nature du sol, de sa situation, de son exposition et de l'époque de leur plus grand développement.

Les prairies peuvent être composées en prenant uniquement pour base l'époque de la floraison des espèces et la nature plus ou moins humide du sol.

L'époque des semailles est septembre ou mars.

L'enfouissement de la graine à une profondeur qui dépasse trois milimètres ou un centimètre selon son espèce et sa grosseur est toujours très préjudiciable.

Il est par conséquent essentiel de semer les graines séparément ; on commence par les plus grosses que l'on couvre davantage ; ensuite on sème les graines fines et l'on se borne à faire passer dessus le rouleau ou un petit traîneau.

La quantité de semence à employer varie avec la nature du sol, le temps qui règne pendant l'ensemencement et le nombre des espèces qui entrent dans le mélange. Si le sol est humide il faut augmenter d'un dixième la quantité de semence.

Un semis trop dru n'est pas trop défavorable à la prairie, tandis qu'un semis clair, en laissant des places vides, ne la rend entièrement productive qu'après plusieurs années de végétation et souvent elle ne s'établit jamais bien parce que, plus les jeunes plantes sont espacées, plus les mauvaises herbes trouvent le moyen de s'établir et de se propager.

Il est bon, aussitôt que l'herbe est bien enracinée, d'y faire passer un pesant rouleau et de la faire pâturer, mais vous devrez être bien certain que les moutons couperont seulement les herbes et qu'elles seront assez solides dans le sol pour qu'ils ne puissent les arracher.

C'est au bout de 4 à 5 ans que la prairie a atteint toute sa richesse de végétation.

Les vieilles prairies donnent un foin plus nutritif sous le même volume que les prairies nouvellement établies.

Les prairies demandent des soins et des opérations variés : ce sont les sarclages, l'engraissement, l'irrigation, le rajeunissement et le renouvellement.

On ne peut préciser rigoureusement la quantité d'engrais à appliquer à un hectare de prairie ; cette quantité est subordonnée à la nature de l'engrais et à celle de la prairie elle-même.

Les prairies bien assainies par le drainage, exigent beaucoup moins d'engrais pour obtenir une récolte égale à celle des mêmes prairies non assainies.

Les prairies à sol sablonneux et léger doivent être engraissées plus souvent mais moins abondamment que les prairies à sol compacte.

Les prairies engraissées une fois, doivent continuer à recevoir de l'engrais convenablement pour favoriser le développement des bonnes graminées et faire périr les petites plantes adventices qui pullulent dans les prairies médiocres.

Vous recevrez des marchands les espèces de graines convenables en leur indiquant la nature de votre sol, l'exposition et le climat.

Après vous avoir donné ces explications sur l'établissement de la prairie, je vais vous parler de l'irrigation.

La quantité d'eau, dont nous pourrons disposer, ne sera

pas très considérable ; nous devons créer, à l'entrée de nos prairies, un réservoir le plus grand possible pour le déverser sur nos fourrages quand nous le jugerons le plus utile.

Ce bassin pourra être construit en terre ou en maçonnerie ; dans le premier cas, il suffira d'entourer l'emplacement désigné, d'une butte très épaisse de manière à résister à la pression de l'eau.

La hauteur devra être de un mètre ; relativement à sa solidité, il vaut mieux lui donner une hauteur moindre et le faire plus long et plus large.

Si la terre n'est pas compacte, le sol et les côtés devront être revêtus d'une couche de terre argileuse.

Dans le cas où l'on voudrait le faire en maçonnerie, il suffirait d'élever quatre murs de un mètre de haut autour de l'emplacement, de paver le sol et de revêtir tout cet intérieur d'une couche de ciment.

Suivant les inégalités du sol de la prairie, nous devrons établir pour la sortie des eaux du bassin, une ou plusieurs vannes.

On peut irriguer le terrain soit par inondation ou submersion, soit par infiltration.

Irrigation par inondation. — Ce mode d'irrigation a pour but : d'employer les eaux vaseuses qui charrient de bonnes terres et avec elles toutes les substances fertilisantes qu'elles entraînent en ravinant les terres supérieures.

Il faut une petite digue circulaire qui retienne sur place les eaux d'inondation.

Cette opération a lieu généralement à la fin de l'automne et pendant l'hiver.

L'eau doit séjourner le temps nécessaire pour que le sol soit bien imprégné et pour qu'elle ait déposé le limon précieux entraîné par elle.

Il faut la retirer immédiatement lorsqu'elle s'éclaircit.
On peut renouveler cette opération autant de fois que l'occasion se présente dans l'hiver.

Au printemps on peut donner une forte inondation d'eau limpide, mais il faut cesser dès que l'herbe commence à s'élever.

Irrigation par infiltration. — L'irrigation par infiltration est très favorable dans les terrains légers pendant les sécheresses de l'été.

Au sortir du grand réservoir que nous avons établi à l'entrée de nos prairies pour recueillir les eaux du canal d'amener, l'année prochaine quand notre terre bien préparée aura été semée en graine de foin et que tout commencera d'être vert, à partir des vannes de sortie et à l'aide du niveau d'eau, nous déterminerons la pente des rigoles principales que nous aurons tracées d'avance en suivant les inégalités du terrain.

Toutes ces rigoles devront diminuer progressivement de largeur à mesure qu'elles s'éloigneront du bassin parce que, depuis leur point de départ, elles doivent se déverser peu à peu et sans discontinuer sur le terrain et arriver cependant à leur limite avec une quantité d'eau suffisante.

De loin en loin, suivant toujours les inégalités du sol, on pratique sur les rigoles principales des rigoles secondaires destinées à porter les eaux sur tous les points de la prairie et comme, dans son cours naturel, l'eau suivrait toujours la ligne droite, aux points où l'on veut faire dévier l'eau, on forme un petit barrage, le plus souvent avec du gazon.

Ces rigoles comme les principales, doivent être exactement nivelées à l'aide du niveau d'eau.

Canaux d'écoulement. — Si les eaux portent la fécondité dans le sol, lorsqu'elles sont distribuées en propor-

tions convenables, elles deviennent nuisibles lorsqu'elles
séjournent trop longtemps. Aussi est-il indispensable de
creuser des rigoles d'écoulement qui conduisent les eaux
inutiles dans des canaux de décharge ; elles doivent être
proportionnées à celles d'arrosement. L'eau de tout le terrain arrosé doit être reçue par une rigole d'écoulement.
C'est ce qui distingue un terrain irrigué d'un terrain marécageux. C'est une condition indispensable.

XXIII

LA VIGNE

J'ai choisi, au nord de ma propriété, un champ de deux hectares, à pente douce, exposé au midi.

La couche arable, quoique assez fertile, est peu profonde et le sous-sol mélangé d'argile et de gravier laisse beaucoup à désirer.

Il est certain que si pour une culture de céréales, je portais à la surface la couche inférieure, je rendrais mon sol stérile.

Mais il n'en est pas ainsi pour la vigne dont les longues racines demandent un sol ameubli à une grande profondeur. Elles sauront toujours aller retrouver la bonne terre et comme la partie aérienne d'une plante est toujours proportionnelle à la partie souterraine, si j'obtiens beaucoup de racines, j'aurai beaucoup de bois et par suite une grande quantité de fruit.

Je vais donc me procurer une charrue défonceuse :

Je devrai y atteler trois paires de bœufs ; le travail se fera lentement mais avec quelques journaliers qui suivront le sillon pour enlever les pierres ou autres embarras, avant que la terre du sillon suivant n'y soit rejetée, mon défoncement sera complet et mes vignes arriveront dans très peu de temps à une bonne production.

Cette opération est d'autant plus indispensable que je vais planter des cépages américains qui ne peuvent jamais prospérer dans un sol dur que leurs longues et nombreuses racines ne sauraient pénétrer.

Je vais me mettre en mesure de me procurer le plant.

Dans les parties rares de mon sol, où la terre végétale a une assez grande profondeur, je planterai des *Riparias*.

Sur le sommet du champ, où la terre végétale est peu épaisse et très légère, je mettrai des *Rupestris*.

Enfin dans le bas-fond où l'humidité séjourne toujours un peu, je planterai des *Solonis*.

Certaines parties où le travail de la charrue serait trop difficile, seront défoncées à bras d'homme ; ce procédé est très coûteux, mais si vous voulez bien réfléchir à ce que j'ai dit précédemment relativement à la partie souterraine qui suivant son développement donnera une partie aérienne vigoureuse ou chétive et une production en rapport, vous comprendrez que, sur 10 ares de terrain bien défoncé, vous aurez une récolte supérieure à celle qui sera produite par le même cépage sur 40 ares où aucun travail de défoncement n'aura été opéré.

Il y aura d'ailleurs une économie notable de main-d'œuvre puisqu'on ne devra travailler que dix ares au lieu de quarante.

PLANTEZ DONC PEU ET PLANTEZ BIEN.

Ce que je viens de dire qui est de première nécessité pour nos plants français, devient indispensable pour les plants américains dont les racines s'étendent très loin et qui après avoir montré une végétation luxuriante pendant les deux premières années, deviennent tout à coup chétifs et finissent par périr quand les racines ne peuvent plus s'étendre.

C'est pour cela que j'ai désigné plus haut les porte-greffes qui conviennent à chaque nature de sol ; c'est donc avant la plantation qu'il faut les bien choisir pour ne pas, deux ou trois ans après, éprouver un insuccès complet.

Nous avons parlé du Riparia, du Solonis, du Rupestris auxquels on peut ajouter le Vialla et le Jacquez.

On peut cultiver comme producteurs directs :

Le Jacquez, l'Othello, le Canada, le Brandt, le Secretary, le Noah, le Senasqua, le Trumph et enfin un cépage très en renom aujourd'hui, le Saint-Sauveur.

Tous ces cépages plus ou moins productifs les uns que les autres, donnent un vin d'un goût foxé qui, seul, ne peut être bu avec plaisir et qui ne peut être employé utilement que pour des coupages afin d'augmenter la couleur et le degré alcoolique de nos vins.

Revenons donc aux porte-greffes qui résistants aux phylloxera, nous paraissent les plus utiles pour maintenir en production nos plants français dont les vins resteront toujours à la hauteur où les ont placés nos grands crus.

Où prendrons-nous nos greffons ?

Le peu de chaleur dont on jouit depuis quelque temps, pour faire arriver nos raisins à une maturité complète, nous conseille d'abandonner tous les cépages qui mûrissent tard pour nous attacher à ceux qui ont de la précocité.

Il ne faut pas néanmoins se laisser trop facilement séduire par la réputation de certains cépages qui font merveille dans leur pays d'origine et qui sur un autre sol et avec un autre climat ne donnent que des résultats chimériques. Tels sont : la Syrah, la Serine qui donnent des raisins de première qualité mais dont la production est insignifiante.

C'est après avoir fait moi-même tous les essais que je recommande les cépages suivants :

L'Alicante Henri Bouschet, le Petit Bouschet, le Portugais bleu, le grand noir de la Calmette, tous les Gamays et principalement le gamay de Bouze, le Merlot, le Pinot noir et blanc, le Cabernet et surtout le Semillon.

Nous avons reçu notre plant américain raciné mais en même temps nous avons demandé des plants sans racines que nous allons mettre en pépinière afin d'avoir l'année prochaine des plants de remplacement.

Notre pépinière devra être établie sur un sol profond, de terre très friable, entièrement défoncé et fumé et qui se conserve frais pendant l'été.

Les rangées de plant devront garder entre elles une distance convenable afin que le travail devienne facile et qu'on puisse en tout temps y détruire les mauvaises herbes.

Déterminons maintenant le mode de plantation de la vigne :

Quand les racines des vignes américaines trouvent un sol bien défoncé, elles s'étendent au loin : il est donc nécessaire qu'elles jouissent d'un espace assez étendu afin qu'elles ne rencontrent pas de suite les racines des souches voisines qui viendraient dans la même partie du terrain leur disputer les substances nutritives.

Par conséquent il doit exister entre chaque rang de souches une distance de deux mètres au moins et chaque souche doit être dans le rang éloignée de sa voisine de deux mètres. La distance de un mètre cinquante me paraît insuffisante.

La longueur démesurée des rangs de vigne est un obstacle non seulement au bon écoulement des eaux pluviales, mais rend encore difficiles les transports de terre, d'engrais et l'enlèvement de la vendange et des sarments.

Il est donc avantageux de ne laisser aux lignes des ceps qu'une longueur de 60 à 80 mètres en établissant à la fois, dans la vigne, des sentiers accessibles aux charrettes que la charrue pourra franchir aisément en la tenant élevée au-dessus du sol.

Toutes ces précautions bien prises, par un beau temps, quand la terre ne sera pas humide, nous ferons notre plantation.

XXIV

GREFFAGE DE LA VIGNE

Me proposant de traiter complètement la question du greffage, j'avais eu d'abord l'intention de ne parler qu'alors du greffage de la vigne.

Au risque de faire un double emploi, qui ne sera jamais inutile, je ne veux pas abandonner cette étude sans la compléter.

Le greffage est une opération qui consiste à souder un végétal ou une portion de végétal à un autre qui deviendra son support et lui fournira une partie de l'aliment nécessaire à sa croissance.

Au printemps, lorsque la vigne entre en végétation, il circule entre son écorce et l'aubier une sève toute diffé-rente de celle que nous voyons sortir par les pores de la partie ligneuse lorsqu'elle a été coupée et qu'on appelle les pleurs de la vigne.

Cette sève spéciale, un peu gommeuse, c'est le *cambium* dont nous avons parlé déjà et qui est destiné à former le nouveau bois.

Le cambium se compose d'une agglomération de petites granulations dites cellules qui de même qu'elles s'unissent entr'elles pour former chaque année une nouvelle couche solide, peuvent encore s'identifier avec les cellules d'un autre végétal de même genre lorsque les couches généra-trices de ce végétal sont mises en contact et sont justaposées le plus parallèlement possible contre celles de la plante à laquelle elle doit être unie.

Il faut donc, avant tout, qu'il existe entre les deux plantes, des couches cellulaires en formation sans quoi il n'y aurait jamais d'adhérence.

La plante, qui puise dans le sol à l'aide de ses racines les sucs nourriciers, se nomme *Sujet*.

Le morceau de sarment qu'on vient y ajouter pour qu'il s'identifie avec lui et vive de la même vie, se nomme *Greffon*.

Donc le sujet est la partie souterraine et le greffon la partie aérienne.

On donne le nom de *Greffe* à cette opération.

Lorsque le sujet et le greffon commencent d'adhérer ensemble, on dit qu'il y a *reprise*.

Quand l'adhérence est complète, on dit qu'il y a *soudure*.

Le meilleur mode de greffage est celui qui en tenant compte des conditions de grosseur où se trouvent le sujet et le greffon, mettra le mieux en contact leurs couches cellulaires et permettra une soudure complète.

Greffe en fente. — Quand le sujet est beaucoup plus gros que le greffon, il faut avoir recours à la greffe en fente ordinaire qui consiste à placer un greffon de chaque côté de la fente verticale, ou un greffon d'un seul côté seulement si le sujet n'est pas très gros.

On peut se servir de la greffe en fente, pour mettre sur un sujet un greffon de même diamètre, mais elle offre les mêmes défauts que la greffe en fente ordinaire : des solutions de continuité à l'extrémité des deux biseaux tronqués, qui ne peuvent être recouverts qu'au bout de plusieurs années et sur lesquels il n'y a jamais de soudure.

Greffe à cheval. — Pour remédier à cet inconvénient,

on pratique souvent la greffe en fente évidée ou la greffe à cheval ordinaire.

Le greffon taillé en double biseau est posé sur le sujet fendu à son sommet et placé comme à cheval ; il s'y enclave et il ne reste qu'à ligaturer.

Greffe anglaise. — Mais, quand il y a possibilité, on doit toujours donner la préférence à la greffe anglaise.

Dans cette greffe, le sujet et le greffon doivent être de même grosseur.

Pour procéder à cette opération, il faut d'abord tailler le porte-greffe en biseau à son extrémité supérieure, avec une pente de 28 à 32 pour cent ou un angle de 16 à 18 degrés.

Ce n'est qu'avec des essais suivis et une certaine pratique qu'on arrive au premier coup à exécuter la coupe avec l'inclinaison voulue qui doit être invariable.

Voici pourquoi : Si les biseaux étaient trop longs, ils n'auraient plus de rigidité, s'infléchiraient à droite ou à gauche et laisseraient entre les deux parties qui doivent adhérer, des vides nombreux qu'une ligature énergique pourrait seule fermer, et si elle venait à manquer, l'opération serait fort compromise.

Mais s'il y a inconvénient à faire les coupes trop allongées, d'un autre côté il faudrait se garder de les faire trop courtes ; un pareil assemblage serait très peu solide.

Ces considérations suffiront pour vous faire comprendre qu'il faut se tenir rigoureusement dans les dimensions convenables.

Pour que ces deux tenons s'ajustent solidement, on pratique sur chacun d'eux, en sens inverse, deux languettes qui entrent l'une dans l'autre et dont la longueur ne doit pas dépasser 4 ou 5 millimètres.

Quand le greffon et le sujet sont bien unis l'un à l'autre par les languettes d'assemblage, on assujettit les coupes, les unes contre les autres, au moyen d'une ligature, mais avant de ligaturer on entoure la greffe d'une feuille de plomb.

Le Raphia, en raison de son bon marché et de son emploi facile, paraît devoir être préféré.

Si l'on veut greffer *sur table*, c'est-à-dire avant la plantation, il faut, si on ne met pas immédiatement en place le sujet greffé, le maintenir frais à l'abri de la chaleur et de l'air en l'enfouissant dans du sable frais mais non humide.

Une des causes les plus fréquentes d'insuccès est sans contredit le dessèchement des coupes d'assemblage par suite de leur enfouissement trop peu profond dans le sable qui doit avoir au moins une épaisseur de 40 centimètres.

Greffe de Cadillac. — A Cadillac, dans la Gironde, on pratique une greffe sans étêter le sujet. Voici comment on procède :

Après avoir déchaussé le pied de la souche, on choisit à quelques centimètres au-dessous du sol, un point bien lisse où l'on pratique une fente droite de 3 ou 4 centimètres mais dirigée obliquement de manière à arriver au milieu du bois si le greffon a le même diamètre que le sujet et toujours d'un côté s'il est moins gros.

Le greffon est préparé en forme de coin comme pour la greffe en fente pleine.

On introduit le greffon dans la fente du sujet et on ligature.

Au moyen de cette greffe on n'étête pas le sujet qui peut ainsi continuer à porter des fruits et être de nouveau greffé en cas de non réussite.

Ce greffage se pratique principalement en automne, au

moment où la végétation n'est pas totalement interrompue afin qu'il y ait soudure avant l'hiver.

Une fois la greffe exécutée, on butte fortement de manière à recouvrir complètement le greffon.

Lorsqu'au printemps les bourgeons se développent, il faut pincer sévèrement les pousses du porte-greffe pour concentrer la sève dans le greffon.

Voici un moyen d'obtenir sur un même pied de souche plusieurs sujets greffés qui pourront ensuite être mis en place. On appelle ce procédé la greffe Dauty.

Greffe Dauty. — Au printemps, à l'époque du greffage, sur un pied américain devant servir de porte-greffe, on laisse à la taille un ou plusieurs sarments destinés à recevoir les plus beaux greffons qu'on peut trouver.

Dans le sens où l'un des sarments doit être greffé, on creuse un fossé de 15 à 20 centimètres de profondeur.

Si le sol est de mauvaise qualité, il sera bon de creuser plus profondément et d'y mettre une couche de terre de jardin pour favoriser l'enracinement.

Sur ce sarment, dont on a enlevé tous les bourgeons, chaque 20 ou 25 centimètres on exécute des greffes de côté en préparant le greffon comme s'il s'agissait de la greffe anglaise, c'est-à-dire qu'après avoir fait sur le sujet une fente comme celle de Cadillac, on fait sur les deux languettes comme à la greffe anglaise.

Les greffons doivent être tous dirigés dans le même sens que le sarment et devront, autant que possible, se trouver recourbés en arrière pour se rapprocher de la verticale.

Aussitôt les deux parties assemblées, on ligature. Il est nécessaire de laisser au bout du sarment un ou deux bourgeons pour appeler la sève.

Le sarment greffé est étendu horizontalement le long du

fossé et couvert de terre fine de manière à ce que les greffons soient complètement enterrés.

Si la souche était très vigoureuse, on pourrait laisser plusieurs sarments qui auraient chacun leur fossé et seraient traités de la même manière.

Quand le sol est riche, on obtient en un an un enracinement suffisant de la partie américaine et en coupant le sarment immédiatement au-dessus de l'assemblage, on a autant de plants soudés et racinés qu'il y a de greffes reprises.

Mais en général, il est avantageux d'attendre à la deuxième année pour fracturer les greffes.

Les plants seront plus vigoureux et la reprise plus assurée.

La greffe Dauty peut être appliquée aussi de côté sur des sujets de tout diamètre.

Greffe Gaillard. — La greffe Gaillard convient généralement aux souches à *fort diamètre* dont on veut changer la qualité des produits.

On peut par l'affranchissement du greffon, convertir une vigne française, en vigne américaine en greffant à une profondeur de 15 à 20 centimètres.

En un point lisse et à la surface du sol, on pratique une encoche au moyen de deux entailles l'une verticale, l'autre horizontale.

C'est-à-dire qu'on fait d'abord avec une scie une entaille comme si on voulait partager la souche en deux, seulement on ne coupe que le tiers du bois.

Avec un ciseau de menuisier on commence ensuite une entaille à 10 ou 15 centimètres au-dessus de manière à aller rejoindre le fond de l'entaille faite par la scie et d'enlever un coin de bois.

Aux deux angles de cette encoche, on fait une fente droite

dans le sens de la longueur de la souche et on y place un greffon de chaque côté, comme pour la greffe de Cadillac, ces greffons sont préparés en coin et de même aussi, si le sujet n'a que deux ou trois centimètres de diamètre, on ne place qu'un greffon. On ligature et on butte comme dans les greffes précédentes.

Pendant l'été, il faut avoir soin de pincer tous les pampres à deux feuilles au-dessus du dernier fruit et de supprimer tous les rameaux infertiles de façon à refouler la sève sur les greffons.

Quand le greffon aura pris assez de développement, à la taille d'hiver on supprimera la tête du sujet.

Greffe au Bouchon. — Enfin depuis peu de temps, on a imaginé de supprimer à la greffe toute ligature, tout englûment et de l'entourer seulement de liège ligaturé avec du fil de fer.

Voici comment on procède :

Après s'être procuré de vieux bouchons hors d'usage, on les fend dans le sens de leur longueur de manière à les diviser en deux parties égales.

On les fait tremper dans l'eau afin qu'ils s'assouplissent.

Quand on a pratiqué soit une greffe anglaise, soit une greffe Dauty, soit une greffe de Cadillac, une greffe en fente simple ou une greffe à cheval, pourvu que le greffon et le sujet ne dépassent pas 6 à 7 milimètres de diamètre, aussitôt que le greffon est bien ajusté sur le sujet, on a des pinces ou les deux parties du bouchon sont assujetties. Après avoir entouré la greffe d'une feuille de plomb, on l'introduit entre les deux bouchons que les pinces tiennent écartés et quand l'ajustage se trouve bien vis-à-vis le milieu, on serre les pinces jusqu'à ce que les deux bouchons s'a-

justent ; elles sont ainsi maintenues jusqu'à la fin de l'opération. Il ne faut pas néanmoins serrer trop fortement parce
qu'il y aurait étranglement et que la sève ne pourrait plus
circuler.

Ces pinces portent trois fentes; par chacune desquelles on
fait entrer un fil de fer qui resserrent les bouchons aux
deux extrémités et au milieu.

Cela fait on ouvre les pinces et l'opération est terminée.

Je dois ajouter que j'ai cru devoir compléter ce travail
en entourant le bouchon d'onguent de St-Fiacre afin d'éviter,
soit que le bouchon se dessèche, soit qu'il absorbe trop d'humidité.

Compléments du Greffage. — Afin que le greffon
soit solide et à l'abri de tout ébranlement, on met à chaque
souche un tuteur auquel on attache aussi la branche de
l'année.

Pour maintenir la fraîcheur autour de la greffe, les
buttes doivent être plus larges que hautes et assez volumineuses.

Dans le greffage en pépinière, le tas de terre doit former
une butte continue.

Pendant la période très délicate où se forme la soudure,
les greffes ne doivent pas être touchées ; néanmoins il est
bon de tenir le sol propre par un travail superficiel et
d'arroser, si l'on peut, pendant les sécheresses.

Dans les premiers jours d'août, on déchausse les greffes
avec précaution jusqu'au point de la soudure ; on enlève
avec soin toutes les petites radicelles qui auraient pu se
former à la base du greffon et on recouvre immédiatement
en ayant soin de ne rien ébranler.

Les sarments destinés à faire des porte-greffes doivent
être conservés frais dans le sable.

Si au moment du greffage ils se trouvent un peu avancés en végétation, il y a plutôt avantage qu'inconvénient.

Mais il en est autrement des greffons ; il faut pour ceux-ci empêcher toute végétation et cependant les maintenir frais. Pour obtenir ce résultat, on dispose les paquets de greffons par couches alternant avec un lit de sable fin, bien sec et on recouvre le tout d'une forte couche de 40 centimètres du même sable. Les greffons y restent préservés de l'air et de la chaleur jusqu'au moment de leur emploi.

XXV

TAILLE DE LA VIGNE

Nous laisserons pousser nos greffons pendant une année, en tenant soigneusement le sol net de mauvaises herbes et, à partir du second printemps, nous les soumettrons à la taille, pour arriver à donner à nos souches les formes qui nous paraîtront les plus avantageuses, suivant la nature du sol, son exposition et le plus ou moins de vigueur des cépages.

La VIGNE dans l'état de nature, est un des végétaux les plus vivaces, les plus vigoureux et qui ont à l'état sauvage, le plus d'étendue dans leur végétation.

Il est donc facile d'en conclure que plus elle est restreinte dans sa tige, plus elle est rabattue près de terre, moins elle végète et moins elle vit longtemps.

C'est pourtant à l'état nain que sont cultivés la plupart des vignobles de France, d'Espagne et d'Italie.

Si on y rencontre des cultures à grande arborescence, soit élevées sur des arbres, soit sur des palissades, soit rempant sur le sol, ce n'est que par exception.

Quels sont les motifs qui ont provoqué cette dérogation aux lois naturelles ?

Le premier consiste dans la nécessité de rapprocher le travail de la main de l'homme.

Le second dans la dificulté et la dépense d'élever et de soutenir des ceps à grande expansion.

Et le troisième dans la perfection que tire la maturité du raisin de la proximité du sol.

Que suivant une charpente constituée par le vieux bois plus ou moins long, sortant d'un pied central, pour porter à son extrémité les jeunes pousses de l'année précédente, on distingue les vignes à grande, moyenne ou petite arborescence, le principe de la taille n'en subit aucun changement puisque ce sont surtout les retranchements opérés chaque année sur les jeunes sarments, soit dans leur nombre, soit dans leur longueur, qui constituent les opérations de la taille sèche d'hiver.

Il faut d'abord bien établir que les sarments d'un an venus sur bois de deux ans, portent seuls les yeux de la végétation à bois et à fruit de l'année suivante ;

Que les sarments qui sortent accidentellement sur bois de plus de deux ans, sont généralement stériles et s'appellent *gourmands* ;

Que la taille doit faire disparaître tous les gourmands et ne conserver qu'un ou deux sarments à l'extrémité de chaque membre, ou sur plusieurs points le long du cours des cordons ;

S'il n'est laissé qu'un sarment à l'extrémité de chaque membre, ce sarment peut être coupé au-dessus du premier, du deuxième ou du troisième œil : c'est la taille *courte* ;

S'il est coupé au-dessus du quatrième, du cinquième ou sixième œil : c'est la taille *moyenne* ;

Enfin s'il est laissé sept, douze, jusqu'à vingt yeux, ce sera la taille *longue*.

Le grand art de la taille consiste à obtenir de beaux sarments pour asseoir la taille de l'année suivante et des fruits parfaits et assez nombreux pour assurer une récolte rémunératrice.

La taille a aussi l'avantage de maintenir toujours la vigne dans la même forme et dans les mêmes limites.

Comme pour tous les végétaux, dans les différentes espèces de vignes, il existe des variétés nombreuses: on trouve des cépages à grande, moyenne et petite végétation.

Il faut donc avant d'arrêter l'étendue de la tige et de la taille qu'on veut imposer à un cep de vigne, connaître ses aptitudes et sa nature plus ou moins expansive.

Relativement au sol, il est démontré par l'observation, que l'étendue des tiges et des tailles doit être proportionnelle à sa fertilité et à l'espace laissé à chaque cep.

Pour ce qui tient au climat, les ceps peuvent s'étendre et s'élever dans tous les lieux où ils jouissent d'une somme de chaleur plus considérable puisque dans ces conditions, la vigne acquiert plus de vigueur.

Pour ce qui concerne la taille proprement dite, il est prouvé que pour avoir de beaux et longs sarments, il faut tailler court, mais on risque d'avoir peu de fruits.

Pour avoir beaucoup de fruit, il faut tailler long, mais on risque d'avoir de faibles sarments pour l'année suivante.

Dans les cépages, qui pour être fertiles, exigent la taille longue, il y a donc une transaction à opérer : c'est de laisser sur chaque membre d'une souche ou sur chaque portant d'un cordon, un sarment, *le plus bas*, taillé à deux yeux seulement et un autre sarment, *le plus haut*, taillé à dix ou quinze yeux pour assurer une production suffisante de fruit.

Le premier produira deux beaux sarments ; l'année suivante, le plus bas sera taillé à deux yeux et le plus haut remplacera la branche à fruit, qui désormais inutile, sera complètement retranchée.

Cette taille est la taille type, qu'elle s'applique à un ou plusieurs membres, à un ou plusieurs cordons d'une même souche.

La taille courte doit aussi avoir toujours deux sarments pour y faire affluer la sève ; le plus bas sera affecté à la production du bois.

Pour avoir de beau bois, il faut diriger verticalement les pousses de la branche à bois, tandis que la branche à fruit, au contraire, doit être abaissée horizontalement ou recourbée en bas et fixée dans ces positions pour y ralentir le cours de la sève.

Taille verte. — Nous avons parlé de la taille sèche ou d'hiver, il nous reste à dire un mot de la taille verte d'été.

La taille verte comprend quatre opérations :

1º *L'Ebourgeonnement,* qui consiste à jeter bas les bourgeons sortis du vieux bois et ceux qui ne portant pas de fruit, ne sont pas destinés à fournir les sarments nécessaires à la taille de l'année suivante ;

2º *Le Pincement.* — Le pincement se pratique sur chaque cep au moment où l'on vient de l'ébourgeonner.

Il consiste à supprimer le sommet des bourgeons portant des fruits et ne devant pas servir à la taille de l'année suivante ;

3º *Le Rognage.* — Cette opération consiste à rogner les bourgeons destinés à la taille de l'année suivante à un mètre au moins au-dessus de la souche ;

4º *L'Effeuillage.* — On effeuille quelques semaines avant les vendanges pour donner plus d'air et de soleil aux raisins.

Mais on doit laisser les feuilles placées au-dessus du fruit parce qu'elles entretiennent l'ascension de la sève et que, sans cela, les fruits ne mûriraient pas.

La VIGNE se prête à des formes très variées.

Il faut toujours choisir celles qui doivent être le plus appropriées au sol, au climat, à l'espèce de cépage et à la destination des produits.

Je vais vous dire quelques mots des diverses formes :

La taille en coupe, en contre espalier ou taille Guyot, en cordon horizontal ou cordon Cazenave, en chaintres.

Enfin il me paraît indispensable de ne pas passer sous silence à propos des treilles, le cordon horizontal, le cordon vertical à coursons alternes suivant la hauteur des murs.

Taille à court bois. — Chaque cep figure un gobelet porté sur un pied très court. Les bras doivent s'implanter autant que possible à la même hauteur symétriquement autour du tronc ; les rameaux séveux de la tige, se trouvent ainsi partagés en autant de faisceaux qu'il y a de bras et la sève est également distribuée dans toutes les branches de la souche.

Chaque année on ne laisse à l'extrémité de chacun des bras du gobelet qu'un sarment qu'on taille à deux yeux francs.

Dans les contrées où il règne pendant l'été non seulement une grande sécheresse, mais de grands vents secs et violents, comme en Provence, le sol reste couvert et ombragé par les rameaux des ceps, les raisins sont abrités par le feuillage des vignes et garantis contre le grillage et les insolations fréquentes.

Les raisins sont assez près de terre pour profiter de la chaleur réfléchie par le sol.

La taille basse comporte l'économie des échalas et l'entretien au moyen d'instruments traînés par les chevaux ou les bœufs.

Mais si dans les départements du Sud-Est, cette taille a ses avantages, ailleurs où il est indispensable de procurer au sol la plus forte dose possible de calorique pour favoriser la végétation de la vigne, elle serait préjudiciable en donnant trop d'ombre à la terre et aux raisins.

Taille Guyot ou Contre-Espalier. — Cette taille appelée Taille Guyot, parce qu'elle a été préconisée par le docteur Guyot, comme taille type, consiste à laisser à la souche une branche, *la plus basse,* taillée à deux yeux pour fournir le bois de l'année suivante et une branche à plusieurs yeux de un mètre de longueur, palissée horizontalement sur un fil de fer.

Cette branche sera renouvelée tous les ans au moyen d'une des deux nouvelles produites par la branche à bois.

Cette taille est très productive ; le travail se fait très bien le long des rangées à l'aide des animaux, mais pour certains cépages surtout, la sève ne se trouvant pas suffisamment élaborée dans une pareille longueur, il arrive que les raisins, surtout ceux de l'extrémité, ne mûrissent que très imparfaitement et que le vin manque par conséquent de couleur et d'alcool.

Taille en Cordons. — Dans ce cas, plus encore que dans le précédent, la distance des souches entre les rangs doit être uniformement de deux mètres.

Mais si, dans la taille Guyot, on peut espacer dans le rang les souches à 1 mètre 20 centimètres, dans le cordon il est indispensable de donner de 1 mètre 80 à 2 mètres, suivant que la nature du sol saura donner de vigueur à la souche.

Pour bien établir les cordons de vigne, il faut comprendre d'avance que le bras doit être formé avec une pousse d'un seul jet, parce que celui qui ne serait complet qu'après plusieurs tailles successives, à cause des obstructions que chaque taille aurait implantées dans le cep, porterait des canaux séveux engorgés en partie et la végétation y serait très inégale.

Par conséquent, après la plantation, il s'agit de rabattre les souches à deux yeux jusqu'à ce qu'on aura obtenu une pousse vigoureuse assez longue pour arriver à la souche suivante.

Il sera indispensable de mettre à chaque souche un tuteur pour soutenir cette branche en attendant qu'elle soit palissée sur le fil de fer.

Il est même bon de planter aussitôt à demeure les échalas qui devront soutenir le fil de fer ; ce sera une économie et les souches s'en trouveront mieux.

Les échalas doivent avoir deux mètres de longueur et être enfoncés dans le sol de 40 centimètres.

Pour prolonger leur durée le plus possible, il faut faire brûler un peu la partie qui doit être dans le sol et l'imprégner, brûlante, d'une couche de coaltar.

Aussitôt les échalas en place, on procède à l'installation des fils de fer galvanisés.

Le plus bas sera posé à 50 ou 60 centimètres du sol.

Quand le terrain est sain, battu par les vents, perméable, il devra être le plus rapproché possible du sol parce que les fruits y mûriront mieux.

Mais dans le fond des vallées et les plaines humides, il est indispensable de tenir le cordon plus élevé pour éviter les gelées et la pourriture du fruit.

Le second fil de fer doit être à 30 centimètres du premier et le troisième à 50 centimètres de ce dernier.

A chaque extrémité des rangées, on fait dans la terre, un trou de 60 centimètres de profondeur ; on y place, après l'avoir entourée de fil de fer, une pierre oblongue. Ce fil de fer doublé en trois, se termine au-dessus du sol par un œillet au bout de sa tige.

Quand la terre est bien tassée, la pierre ne peut plus sortir. Alors on place des jambes de force dans le sol à 60 centimètres de profondeur, on les incline suivant un angle de 45 degrés et on les fait traverser à la hauteur voulue par chacun des fils de fer qni vont tous s'attacher à l'œillet qui tient à la pierre enfouie. On peut alors les raidir à volonté.

Il faut pour cela choisir les tuteurs les plus forts.

Les fils de fer étant en place, pour former le cordon, on attache fortement le cep au bas de l'échalas, puis on lui fait décrire une courbe aussi régulière que possible et on le lie sur le premier fil de fer à 20 centimètres de l'échalas et dans toute sa longueur jusqu'à la partie horizontale de la souche suivante où elle est coupée.

Tous les bourgeons, à partir du sol jusqu'à 35 centimètres devront être enlevés avec la serpette sur la partie verticale du sarment couché.

On laisse pousser tous les bourgeons qui se trouvent sur la branche couchée, mais on supprime ceux qui sont dessous.

A la seconde année, à l'époque de la taille, on conserve au-dessus de la partie horizontale de la tige, à partir de 30 centimètres de son point d'inclinaison, un sarment courson tous les 30 ou 35 centimètres et on supprime tous les sarments intermédiaires en les coupant très ras de l'écorce.

On taille à 35 ou 40 centimètres les sarments coursons conservés et on les attache au second fil de fer en les inclinant obliquement et quelquefois en ramenant leur sommet jusqu'au fil de fer.

A la troisième année, on conserve à chaque courson deux sarments et on applique la taille type en laissant une branche à bois taillée à deux yeux et une branche à fruit de 40 centimètre qui est palissée comme l'année précédente.

La taille se continuera ainsi tous les ans de la même manière.

Au mois de juillet, les sarments devront être rognés à 20 centimètres au-dessus du dernier fil de fer.

Taille en chaintres. — Les vignes en chaintres sont des treilles ordinaires couchées sur la terre ; seulement au lieu de porter des coursons comme les treilles, ce sont de longues et nombreuses verges, qui, au lieu de s'étaler contre les murailles, ou d'être soutenues en l'air par des treillages dispendieux, s'étalent librement sur la terre nue et nettoyée de toutes les herbes par les labours.

Les ceps plantés à deux mètres cinquante les uns des autres, sont d'abord après la taille, attachés à de grands tuteurs et se trouvent ainsi à l'abri des gelées.

A la Saint-Jean on les abaisse sur le sol, bien net d'herbes, à droite ou à gauche suivant que la récolte se trouve sur l'un ou sur l'autre côté.

Leurs verges sont supportées par de petites fourchines de 40 centimètres pour préserver les raisins de la pourriture.

Après les vendanges, on les relève, on les tourne du côté opposé et on laboure à la charrue l'espace devenu libre et qui servira à la récolte prochaine.

L'espace entre chaque rangée de souches doit être au moins de six mètres.

La quantité de vin, produite par ces vignes, est très considérable.

On a vu une seule souche donner 100 kilogr. de raisins.

La qualité est aussi bonne, sinon supérieure à celle des vins récoltés sur d'autres souches.

Ce système offre de très grands avantages comme économie : il faut un très petit nombre de ceps par hectare.

Pas d'échalas, pas de fil de fer.

La vigne se rapproche de sa végétation à l'état sauvage et est moins sujette aux maladies.

La terre qui se trouve tout autour d'elle, ne reste jamais improductive.

Treilles en plein air. — Autrefois on étageait régulièrement les cordons de vigne : le premier fil de fer soutenait le premier cordon, le second fil soutenant le second, etc.

Cette disposition primitive avait l'inconvénient de gêner les cordons inférieurs qui étaient privés d'air et de soleil.

Dans la nouvelle disposition, il faut s'attacher, avant tout, à en comprendre l'organisation :

Le premier cordon est formé par le n° 1 ⎫
Le second — — par le n° 4 ⎪ SUIVANT
Le troisième — — par le n° 2 ⎬ L'ORDRE DE
Le quatrième — — par le n° 5 ⎪ PLANTATION
Le cinquième — — par le n° 3 ⎭

De cette façon, les différents pieds de treille ont, entr'eux, dans le sens de la hauteur pendant leur jeunesse, l'intervalle vide de deux cordons tandis qu'avec la forme ancienne, l'intervalle se réduisait à un seul cordon.

Les ceps sont plantés à 40 centimètres de distance et entre chaque cordon, dans le sens de la hauteur, il y a une distance de 42 à 45 centimètres suivant la hauteur des murs.

Cordon vertical simple à coursons alternes. — Le cordon vertical simple à coursons alternes s'applique aux espaliers de 2 mètres de hauteur et aux contre-espaliers de 1 mètre 20 à 1 mètre 50.

9

Les ceps sont plantés à 70 centimètres de distance et ne doivent conserver qu'un rameau.

L'année suivante, ils seront taillés uniformément à 30 ou 35 centimètres du sol.

Tous les ans, on laissera un sarment pour continuer la tige et alternativement un rameau à droite et l'année suivante, un à gauche jusqu'au sommet du mur.

Chaque rameau sera tous les ans taillé à deux yeux; celui d'en haut donnera l'année suivante le bois nécessaire à la taille et celui d'en bas sera retranché comme à la taille ordinaire.

Quand les murs sont très hauts et qu'on veut palisser une treille, la taille est la même que précédemment.

Les pieds sont dans ce cas plantés à 40 centimètres les uns des autres au lieu de 70 centimètres.

Dans ces conditions, *le premier cep et le troisième* prennent leurs coursons à 30 ou 35 centimètres du sol et se continuent jusqu'à *la moitié* de la hauteur du mur ou jusqu'au commencement de la couverture d'une treille dont les autres branches sont couchées horizontalement.

Le deuxième et le quatrième cep ne portent pas de coursons depuis *la base* jusqu'à la *moitié* du mur ou jusqu'au point où les sarments sont couchés pour couvrir la treille, mais à partir de là, ils commencent de les prendre et se continuent jusqu'au haut ou à la fin de l'espace couvert.

Il en est de même de tous les autres ceps.

Les ceps qui ne doivent prendre des coursons qu'à la *moitié* du mur doivent être conduits en une seule année si c'est possible, jusqu'au point où commencent les coursons.

XXVI

MALADIES DE LA VIGNE

Oïdium. — Quand on aperçoit un bourgeon de vigne ou un grain de raisin à l'aspect cendré, c'est qu'il est couvert de cryptogames microscopiques qui constituent l'oïdium.

L'humidité le développe, les fortes pluies le paralysent. Les alternatives d'humidité et de chaleur, une atmosphère brumeuse ou chargée de nuages favorisent son développement.

Par contre, les vents desséchants du nord-ouest lui sont très défavorables et quand ils règnent peu au printemps, pendant l'été la maladie apparaît.

Quand on en découvre la moindre trace, il faut immédiatement procéder à un soufrage général et vers la fin d'avril un soufrage préventif est de toute nécessité.

Il faut donc soufrer tôt et le faire en temps opportun.

Souvent la pluie ou les vents contrarient cette opération, mais il ne faut jamais s'endormir et renvoyer à trop loin.

Il faut surveiller continuellement les vignes prédisposées afin de surprendre l'invasion à son début, seule époque où il soit facile d'arrêter ses ravages.

Les soufrages doivent être généraux, c'est-à-dire embrasser toutes les parties de la vigne.

Le premier doit avoir lieu à l'époque de la floraison.

Anthracnose. — Sur les vignes frappées par l'anthracnose, toutes les parties de la plante, jeunes sarments, feuilles, vrilles et grappes portent des taches d'un brun noirâtre de forme arrondie ou ovoïde, très nettement limitées et noires surtout au pourtour.

Souvent elles sont fort rapprochées les unes des autres et s'unissent de bonne heure par les côtés en grandissant.

Le tissu frappé de mort, commence par se désorganiser, puis la névrose atteint peu à peu les couches les plus profondes et la tache se transforme en une plaie pénétrante qui s'enfonce de plus en plus et dont le fond est toujours tapissé de cellules mortes d'un brun noirâtre.

Le remède qui jusqu'ici a paru le meilleur est le suivant :

Au printemps, avant que la vigne entre en végétation, on fait dissoudre du sulfate de fer dans l'eau bouillante à raison de un demi kilog. par litre d'eau.

Quand le liquide est froid, on en lave les sarments avec un chiffon, préférable à un pinceau ou une brosse.

Il faut enlever et brûler aussi pendant l'été, les sarments attaqués parce qu'ils sont couverts de corps reproducteurs qui peuvent propager grandement le mal.

Le lavage ne doit avoir lieu que lorsque tout le bois affecté aura été brûlé.

Chlorose. — On voit souvent des souches dont les feuilles sont pâles, décolorées et dont la végétation languissante montre l'état de souffrance.

Les plantes que l'on conserve dans les lieux où l'air n'est jamais renouvelé, qui émettent des tiges et des feuilles étiolées, en sont atteintes.

Quand les plantes sont exposées à l'air et à la lumière, la cause vient du sol et alors il est nécessaire de leur donner les éléments qui peuvent reconstituer leur vigueur.

Le sulfate de fer, quand le lieu où végète la plante a été assaini, produit le meilleur effet.

Le drainage est donc le premier moyen à employer.

Peronospora ou mildew.—C'est un très petit champignon parasite, sorte de moisissure, qui envahit les feuilles et les tue rapidement.

En quelques jours une vigne vigoureuse a perdu tout son feuillage qui est devenu brun et est tombé sur le sol.

Dépouillée de ses feuilles, la circulation de la sève qui n'est plus élaborée, ne se fait plus dans le bois de la vigne.

Les raisins ne peuvent pas mûrir et les grappes finissent par se dessécher.

Quand les raisins n'arrivent qu'à une maturité incomplète, le vin est de très mauvaise qualité et n'a aucune valeur.

Si dans l'oïdium les feuilles sont recouvertes d'une poussière grisâtre, dans le mildew elles semblent couvertes d'aiguilles de glace que forme la gelée blanche.

Comme le mildew porte dans la marche de la sève un trouble complet, le bois reste herbacé, c'est-à-dire ne mûrit pas, ne devient pas ligneux et les gelées de l'hiver le dessèchent complètement au point que non seulement on ne peut pas trouver du bois propre à la taille de l'année suivante mais que la souche finit par mourir.

Le soufre n'a jamais paru un remède contre cette maladie et la chaux avait été employée au début avec quelque succès, quand un jour on s'aperçut qu'au bord des routes, des rangées de vignes ne portaient aucune trace de maladie tandis que les vignes entières attenantes étaient sans feuilles.

On reconnut que le sulfate de cuivre ou vitriol dont on avait couvert les feuilles et les fruits de ces souches pour les préserver de la voracité des passants, était un préservatif.

Dès lors le remède était trouvé et aujourd'hui, soit au moyen de petits balais, soit avec des pulvérisateurs, on répand sur les feuilles de la vigne un mélange de chaux et de sulfate de cuivre qui arrête complètement la maladie.

Il est très essentiel, quand on fait le mélange, de verser la chaux dissoute sur le sulfate de cuivre, le composé n'étant plus le même que si on versait la dissolution du sulfate de cuivre dans l'eau de chaux.

On trouve aussi quelquefois sur les feuilles de la vigne des taches veloutées blanches ou rouges qui sont de la nature des galles et qui ne causent pas à la vigne de grands dommages.

On a donné à cette maladie le nom d'*Erineum*.

Phylloxera. — Il me paraît inutile de parler du phylloxera qui a déjà détruit une grande partie de nos vignobles ; ce sont de petits poux microscopiques qui se logent dans les interstices de l'écorce des racines et qui en suçant toute la sève, font périr la plante.

Aucun remède efficace n'a encore été trouvé. On emploie néanmoins comme palliatifs soit la submersion, soit le sulfure de carbone.

Il faut espérer qu'on finira par découvrir le vrai remède.

Coulure. — Les pluies froides qui arrivent au moment de la floraison peuvent empêcher la fécondation des fleurs ; l'excès de vigueur par une trop grande quantité de sève, peut aussi produire ce résultat qu'on appelle la *coulure*. On la prévient en faisant une incision annulaire sur le sarment au-dessous des bourgeons fructifères. L'incision ou enlèvement d'un anneau d'écorce de 4 à 5 milimètres, s'applique au moment de la floraison sur le bois d'un an ou de deux ans.

XXVII

LES ENGRAIS

Nous avons déjà dit qu'il y a cette différence entre les amendements et les engrais, c'est que les amendements favorisent et préparent l'alimentation des végétaux, tandis que les engrais fournissent les diverses substances alimentaires.

Le fumier de ferme. — Nous allons parler d'abord du fumier de ferme et des composts ; nous nous occuperons ensuite des engrais commerciaux et des engrais chimiques.

De tous les engrais, c'est le fumier des animaux qui convient le mieux à la généralité des sols et des cultures ; par conséquent la plus grande faute qu'on puisse commettre c'est de négliger de produire la plus grande quantité possible de fumier.

Si vous n'avez pas de fumier, ne comptez pas sur la récolte.

Le fumier contient tous les éléments nécessaires au développement des plantes ; c'est un engrais complet, c'est-à-dire pouvant à lui seul et indéfiniment entretenir la fécondité du sol, si on l'emploi en quantité suffisante.

Il apporte de plus à la terre un élément de fertilité, l'*humus*, qu'aucun autre engrais ne peut lui fournir au même degré.

La nature et les propriétés du fumier varient notablement suivant les espèces d'animaux qui ont concouru à sa formation, suivant le genre de nourriture donnée aux bêtes, suivant la qualité et la nature des litières et surtout suivant la manière de traiter les fumiers.

Les excréments des animaux possèdent des propriétés fertilisantes à des degrés différents ; on peut les classer comme suit :

Carnivores, granivores et herbivores.

Les excréments des pigeons ou *colombine* ont plus d'énergie que ceux des poules ; ceux des oies et des canards ont beaucoup moins de valeur.

Guano. — Un engrais bien actif c'est le *Guano du Pérou.*

Le guano n'est autre chose que des excréments d'oiseaux de mer, se nourrissant exclusivement de poissons.

Dans certaines îles, ils fournissent des couches de 17 jusqu'à 30 mètres d'épaisseur.

Toute cette partie de la côte du Pérou est habitée par une multitude d'oiseaux appelés Guanoès qui se réunissent la nuit dans les îlots et y laissent leurs excréments.

Les guanos s'étaient vendus très cher au début à cause des résultats qu'ils produisaient ; mais on s'est mis à porter sous ce nom, une quantité de guanos qui ne sont, souvent, que de la terre mélangée à quelques rares excréments d'oiseaux et qui la plupart du temps ne produisent aucun effet.

D'ailleurs établissons ici d'une manière péremptoire que tous les engrais hâtifs exercent sur la végétation une action violente et rapide qui rend solubles tous les éléments contenus dans le sol, qui se trouve bientôt épuisé et que ce n'est que par l'emploi du fumier de ferme, qu'il peut être relevé. Le fumier de ferme excite le sol mais ne l'épuise jamais.

Les EXCRÉMENTS DES HERBIVORES peuvent être rangés dans l'ordre suivant, eu égard à leur énergie :

fiente de mouton, crottin de cheval, bouse de bœuf ou de vache, fiente de porc.

Quoique ces excréments aient plus de valeur les uns que les autres, surtout pour certaines cultures, le mélange intime dans la fosse à fumier, produit l'engrais par excellence qui nous viendra tous les jours sans grands frais en plaçant de la litière sous les animaux pour qu'elle s'imprègne de leurs déjections solides ou liquides.

Occupons-nous maintenant des altérations que le fumier peut subir, des moyens de les prévenir et des conditions d'emplacement les plus favorables.

Enfin nous examinerons comment on peut en augmenter la production et quel est son meilleur emploi pour la fertilisation des terres.

On peut laisser sans danger pendant quelques jours le fumier sous les pieds des animaux, en ayant soin de leur fournir une litière fraîche ; cependant sous tous les rapports, il est avantageux et utile de l'enlever au moins une fois par semaine.

Doit-on le porter de suite sur les champs pour éviter qu'en vieillissant, il ne perde une partie de ses qualités ?

Il faut considérer qu'à ce moment le fumier n'est qu'un mélange de pailles et d'autres débris végétaux, d'excréments solides et d'urines.

Ce mélange renferme certainement tous les composés chimiques propres à chacun de ces éléments, mais une partie consiste en fibres ligneuses qui ne pourront servir à la nutrition des plantes qu'autant qu'elles seront converties en nouveaux composés solubles et gazeux ; or pour changer de nature, ces matières insolubles exigent une fermentation qui ne s'opère bien que sur une grande masse.

Lors donc qu'on enfouit le fumier à sa sortie des étables,

cette fermentation nécessaire ne peut avoir lieu que très imparfaitement dans le sol.

Néanmoins, si un commencement de fermentation est utile aux fumiers, par une fermentation trop prolongée, ils perdent leurs principes fertilisants.

L'élévation de la température qui se développe au milieu de trop grandes masses accumulées, détermine une véritable combustion et amoindrit en pure perte la quantité et la qualité des engrais.

C'est donc entre ces deux termes, dont nous voyons les inconvénients, qu'il faut se placer pour obtenir des fumiers le plus d'effets utiles dans le sol.

Par conséquent les fumiers doivent rester en tas au sortir des étables pendant 6 semaines ou 3 mois, suivant la saison.

Pour vous rendre compte des pertes immenses qu'on éprouve tous les jours par ignorance ou incurie, venez avec moi visiter quelques fermes des environs.

Souvent, sans abri d'aucune sorte, le fumier est exposé pendant l'été à toute l'ardeur du soleil, qui le dessèche ou à toute la pluie, même celle qui tombe de la toiture des bâtiments.

Ces eaux qui le lavent complètement et le dépouillent de toutes les parties solubles, s'écoulent de tous les côtés pour former des mares infectes, qui sont une cause d'insalubrité pour les animaux et pour les habitants de la ferme.

Les bestiaux qui piétinent ce fumier, les volailles qui le grattent continuellement, multiplient les surfaces de contact avec l'air et y occasionnent une forte déperdition de principes volatils.

Il ne reste bientôt plus que des pailles desséchées, lavées, à peine pourries, qui n'ont aucune valeur.

Vous voyez donc bien que l'emplacement où l'on doit déposer le fumier, mérite une sérieuse étude.

XXVIII

FOSSE A FUMIER

Au nord de la ferme, à l'abri des eaux courantes et de celles de la toiture, on choisit une surface plane et rectangulaire de niveau avec le sol environnant.

Trois des côtés seront clos sur une élévation de deux mètres, au moyen d'un mur ou d'une butte en gazon, droite dans l'intérieur et à contrefort en dehors, pour préserver le fumier soit des eaux environnantes soit des rayons solaires.

Au moyen de quelques troncs d'arbres formant piliers, on élèvera sur la surface du rectangle une petite charpente très légère destinée à supporter une couverture soit en chaume, soit en fagots de bois vert, pressés les uns contre les autres et superposés de manière à faciliter l'écoulement des eaux.

Dans le but de rendre cette construction plus facile et de capter en même temps une partie de l'eau des pluies, au lieu de ne former qu'un hangar, on établira deux hangars parallèles, ayant une de leurs extrémités ouverte pour permettre le transport des fumiers de l'étable et faciliter l'accès aux charrettes qui doivent l'enlever.

Une partie de l'eau des pluies tombera au-delà des murs qui forment la clôture ; l'autre partie, suivant les deux pentes opposées, sera reçue dans l'intérieur de la fosse disposée au milieu du rectangle pour capter, au moyen d'une pente douce, le purin qui s'écoulera du fumier.

Voilà donc deux emplacements distincts pour deux tas de fumier, de manière à pouvoir porter successivement dans les champs celui qui se trouvera dans les conditions favorables en réservant l'autre pour le fumier qu'on enlève des étables.

La fosse à purin se trouvera dans toute la longueur du rectangle, entre les deux tas de fumier.

A l'une des extrémités de cette fosse, pour recevoir les urines et les déjections des habitants de la ferme, on établira des latrines qui consisteront en une pierre de taille de 80 centimètres carrés, placée sur la fosse et percée au milieu.

On établira tout autour avec quelques planches une petite guérite de manière à ce que l'on y soit à l'abri de la pluie et des regards.

Si le sol sur lequel sont déposés les fumiers, est perméable il faut l'enduire d'une couche d'argile ; la fosse à purin doit être pavée et cimentée.

Le purin devra être rejeté sur les tas de fumier soit au moyen d'une pelle soit au moyen d'une pompe.

Il est indispensable pour que la fermentation s'établisse avec régularité, que le fumier soit convenablement tassé afin que l'air ne le pénètre pas trop facilement et ne vienne le dessécher ; le tas doit atteindre 1 mètre 50 ou 2 mètres de hauteur.

Les petits cultivateurs qui ne pourraient pas établir une fumière dans ces conditions, doivent toujours rechercher une fosse revêtue d'argile pour empêcher la déperdition du purin qui, au moyen d'une pente, sera conduit dans un vieux baril enfoncé dans le sol ; c'est là qu'on ira le puiser pour le rejeter sur le fumier toutes les fois qu'il sera sec.

Pour garantir ces fumiers de l'ardeur du soleil, on établira de trois côtés, mais au midi surtout, une plantation d'arbres touffus qui en interceptent les rayons.

Sans faire perdre aux fumiers de leurs qualités, on peut par un moyen, à la portée de tout le monde, en augmenter la quantité.

Il est très facile de mettre à profit les jours où aucun travail ne peut se faire dans les champs et pendant lesquels les animaux sont inoccupés ; on fait alors transporter autour de l'emplacement du fumier toutes les terres provenant du curage des fossés.

Les matières diverses qui se trouvent mêlées ensemble, sont déjà une demi-fumure puisqu'elles se composent de fumiers entraînés des champs par les eaux ou de gazons la plupart du temps en décomposition.

Ces matières, une fois transportées auprès des fumières pourront être employées avec grand profit surtout dans deux circonstances :

1º Si le purin est trop abondant et qu'en le rejetant sur le fumier, il ne le pénètre trop vite et le lave ; dans ce cas une bonne couche de terre et de gazon placés sur le tas, commencent par absorber une grande partie du purin et acquièrent toutes les qualités du fumier.

2º Quand un des tas est fini, qu'il a acquis toute la hauteur qu'on veut lui donner, en le recouvrant d'une couche de terre, on le mettra à l'abri de la sécheresse et des trop grandes eaux quand il n'est protégé par aucun couvert.

XXIX

EMPLOI DU FUMIER

Il est évident que pour permettre aux graines de mauvaises herbes que renferme le fumier, de germer et d'être enfouies avant l'ensemencement, il est indispensable de pouvoir donner après la fumure au moins deux labours.

Quelques cultivateurs ont encore la funeste habitude de transporter longtemps à l'avance sur les champs le fumier qu'on y laisse en petits tas.

Dans ces conditions, la décomposition marche d'une manière très inégale, forte au centre, nulle sur les côtés.

L'engrais éprouve des pertes énormes en gaz fertilisants pendant les chaleurs et en purin dans les temps pluvieux. Le liquide s'écoulant dans le sol au-dessous des tas, il ne reste bientôt à la surface que la partie la moins riche et quand on a répandu ce résidu pailleux, on peut s'apercevoir pendant longtemps que la place où étaient les petits tas produira des touffes où les récoltes verseront tandis que tout ce qui les environne aura la plus chétive apparence.

Le fumier doit être transporté sur les champs par petites quantités, qu'on doit enfouir immédiatement par un labour.

La terre s'empare de toutes les vapeurs fertilisantes qu'il contient et les conserve dans son sein.

Dans les terrains très perméables, les fumures produiront un résultat immédiat, il faut ne pas y porter le fumier trop à l'avance, surtout avant les grandes pluies d'hiver, parce que les matières fertilisantes seraient entraînées dans le sous-sol.

Dans les terrains argileux, les fumures n'agissent pas avec autant d'activité mais l'effet se fait sentir plus longtemps.

On comprendra facilement que pour les plantes à racines pivotantes, betteraves, carottes, etc., le fumier doit être enterré plus profondément que pour les plantes à racines traçantes comme les céréales.

XXX

FUMURES EN COUVERTURE

Ces fumures sont employées généralement au printemps sur les cultures d'automne qui n'ont pas reçu de fumier.

Cette méthode qui ne peut être autorisée que dans des circonstances exceptionnelles, occasionne une perte énorme en principes utiles, qu'il y ait excès ou défaut d'humidité.

La partie azotée de l'engrais se dissipe dans l'air et les sels solubles sont entraînés par les eaux de pluie.

Même pour les prairies naturelles ou artificielles, ces fumures ne peuvent être avantageuses que lorsque tout est réduit en terreau.

Puisqu'une fumure normale devrait être toujours de dix mille kilog. par hectare et par an, il est assez facile de se rendre compte de la quantité de fumier à employer.

Il faut observer cependant que tous les fumiers ne sont pas aussi riches les uns que les autres ; que les terres légères se trouveraient toujours mieux de fumures plus faibles mais plus fréquentes que les terres fortes.

XXXI

COMPOSTS

Quoiqu'on puisse aujourd'hui se procurer facilement des engrais chimiques, il ne faut pas dédaigner les éléments de fertilisation quels qu'ils soient, surtout lorsqu'on peut se les procurer à bon marché.

Que font autour de la ferme les débris de toute nature sinon causer de l'infection? Recueillez tout : débris de pailles, de fourrages, d'herbes, tiges de maïs moisies, terres des fossés, boues des chemins, vase des marais, cendres de toute nature, bois pourri, feuilles mortes, marc de raisin, suie et tous les débris de balayures et de chiffons.

Ouvrez dans le sol une fosse pas trop profonde mais bien revêtue de terre glaise ; formez une première couche de 25 à 30 centimètres, couvrez-la de cendres de chaux et continuez ainsi jusqu'à ce que toutes vos matières soient épuisées.

Vous répandez ensuite au-dessus la colombine et la poulaine que vous pourrez trouver au pigeonnier et au poulailler ; couvrez le tout de vieux platras de démolition puis, après avoir mis sur le tout une bonne couche de fumier, vous formerez la couverture définitive avec de la marne.

Si près de vos fumiers le purin est trop abondant, usez-en pour arroser votre compost ; versez dessus les eaux de lessive, les eaux grasses et toutes les eaux qui croupissent autour de la ferme ; la colombine et la poulaine dissoutes, pénètreront dans la masse et, au bout de trois ou quatre mois, votre compost vaudra de bon fumier.

XXXII

EXCRÉMENTS DE L'HOMME

Nous dirons quelques mots des excréments de l'homme qu'on connaît sous le nom de *gadoue* quand ils sont liquides, et de *poudrette* quand ils sont desséchés et pulvérulents.

C'est l'engrais que l'on laisse perdre en général et c'est celui que non seulement on pourrait se procurer avec la plus grande économie, mais qui sous une 'forme concentrée et dans un état de division infinie, renferme toutes les substances organiques et salines dont les plantes ont besoin pour se développer.

Cet engrais peut être appliqué à tous les sols et à toutes les récoltes ; l'enfouir en terre, c'est donc restituer à celle-ci tous les matériaux qui lui ont été enlevés par les récoltes antérieures, et qui ayant passé dans le corps des individus, qui se sont nourris de ces récoltes, lui reviennent en entier.

Déjections liquides. — Dans plusieurs pays et surtout dans le nord de la France, c'est toujours à *l'état frais* qu'on emploie les matières fécales.

Aux environs de Lille, les fosses d'aisance de chaque maison sont citernées avec soin et toutes les fois que les travaux le permettent, le cultivateur envoie à la ville ses chariots chargés de tonneaux pour en rapporter les vidanges.

Elles sont les profits des domestiques qui cherchent à en allonger le volume en y mettant de l'eau.

Au moyen d'un tonneau d'arrosement qui porte derrière une longue caisse percée de petits trous, en ouvrant le ro. binet, le liquide tombe uniformément sur le sol avec une largeur de 1 mètre 50 à 2 mètres.

Déjections solides. — Lorsque les matières fécales ont été rendues solides, soit par l'évaporation de l'eau qu'elles contiennent, soit par leur mélange avec des matières terreuses, le produit prend le nom de *Poudrette.*

On conçoit que, suivant le plus ou moins de mélange, l'engrais produit doit avoir des qualités bien différentes.

On a reproché à la poudrette d'avoir une action trop hâtive et de peu de durée ; l'azote s'y trouve sans doute à l'état de sels facilement décomposables, mais la quantité de phosphate qui y est contenue, est plus grande que celle qu'une bonne récolte peut enlever.

XXXIII

ENGRAIS MINÉRAUX

Phosphate de chaux. — Le phosphate que l'on rencontre soit dans les récoltes de nature diverse, soit dans les différentes parties d'une même récolte, ne sont pas tous de même espèce, mais tous renferment un élément commun : l'acide phosphorique.

La détermination 'de la quantité d'acide phosphorique contenue dans une récolte, pourra donner une idée de l'abondance des phosphates qu'elle a enlevés au sol qui l'a produite.

Il est évident que les phosphates contribuent en grande partie à la fertilité des terres.

Nous ne parlerons pas du phosphate de potasse et du phosphate de soude qui procureraient certainement une augmentation dans le rendement des récoltes, mais qui ne sont pas encore absolument éprouvés.

Le phosphate de chaux, beaucoup plus commun et beaucoup moins cher que les précédents, est très souvent employé comme engrais,

Mais ce n'est pas à l'état de pureté qu'on en fait usage pour l'engrais des terres ; c'est habituellement sous forme de sciure d'os, de rognures, de poudre d'os plus ou moins grossière.

On emploie souvent les os après leur avoir fait subir une calcination en vase clos qui détruit ou dénature la matière organique qu'ils renfermaient.

On les pulvérise et ils sont alors connus sous les noms de noirs d'os ou de noir animal ; mais comme, sous cette forme, les os trouvent un emploi plus lucratif dans les rafffineries de sucre, ils ne sont guère livrés à l'agriculture qu'après avoir servi à la clarification des sirops sucrés.

On peut encore, avant d'employer les os comme engrais, les acidifier à l'aide de l'acide sulfurique pour les rendre plus solubles et activer ainsi leur action fertilisante.

L'acide sulfurique s'empare d'une partie de la chaux du phosphate des os et il se forme une certaine quantité de plâtre ; les os presque insolubles auparavant se trouvent ainsi transformés en un phosphate de chaux qui se dissout dans l'eau avec facilité et que l'on désigne sous le nom de superphosphate.

Enfin on a trouvé dans diverses contrées des gisements de phosphate de chaux natif ou naturel.

L'efficacité du phosphate fossile est en raison directe de l'état de division dans lequel il a été confié à la terre et il faut reconnaître que, malgré les divers moyens qu'on emploie pour pulvériser ces matières extrêmement dures, elles sont moins avantageuses pour le vendeur et le consommateur que le phosphate ordinaire d'os à cause de leur difficile désagrégation.

L'énorme quantité de phosphates que contiennent les os, prouve combien l'acide phosphorique est indispensable au développement de la charpente de l'homme et des animaux ; en effet, une nourriture qui ne contiendrait pas d'acide phosphorique, ne leur permettrait jamais de se développer.

On voit donc que cet élément essentiel, qu'apportent les aliments, est gardé par l'animal et ne peut revenir au sol que par la désagrégation des os.

Le lait en contient beaucoup et on a reconnu que lorsque

la croissance est terminée, l'absorption de l'acide phospho-rique se fait en petite quantité.

Potasse. — Parmi les résidus nombreux qui sont des tinés à retourner à la terre d'où ils sont sortis sous formes diverses, il convient de signaler les cendres que laissent les végétaux quand on les a brûlés.

Ce qui donne à ces cendres la majeure partie de leur valeur commerciale, c'est le carbonate de potasse, résultant de l'union de l'acide carbonique et de la potasse.

Dans l'emploi qu'on fait habituellement des cendres de bois pour le lessivage du linge ; c'est le carbonate de po-tasse qui est la partie la plus active et la plus estimée.

L'eau chaude que l'on verse sur les cendres, dissout presque exclusivement le carbonate de potasse et laisse presque toutes les autres matières constitutives des cendres parce qu'elle ne les dissout pas.

Ce qui reste après le lessivage est employé en agriculture sous le nom de *charrée*.

Nitrate de potasse. — Le nitrate de potasse ou salpêtre brut a une composition dont les variations sont fort res-treintes et encore sont-elles dues le plus souvent à ce que la matière est plus ou moins humide.

Il renferme, en outre, deux éléments de fertilité sous la forme la plus assimilable pour chacun d'eux.

Le salpêtre brut est la véritable source de potasse pour l'agriculture car si l'on tient compte de la valeur de l'azote qu'il contient, on trouve qu'il livre la potasse à meilleur marché que tous les autres produits du même genre.

Si le salpêtre brut peut fournir aux plantes l'azote dans certaines proportions, ce sel est beaucoup moins riche en azote qu'en potasse et quand il est nécessaire de fournir à la végétation une certaine quantité d'azote plus considérable il faut nécessairement le puiser à d'autres sources.

Nitrate de soude. — Le nitrate de soude n'est autre chose que du nitrate dans lequel la potasse est remplacée par la soude.

Le nitrate de soude que l'on trouve dans le commerce vient du Pérou dans un grand état de pureté.

La richesse moyenne en azote est de 15 à **72** pour cent.

Le nitrate de soude offre ainsi à l'agriculteur une source constante et abondante d'azote.

Sulfate d'ammoniaque. — Ce sel est fourni par l'union de l'acide sulfurique à l'ammoniaque. On l'obtient par la distillation des eaux vannes ou des eaux d'épuration du gaz d'éclairage.

L'expérience a établi qu'à égalité d'azote, les nitrates donnaient de meilleurs résultats que le sulfate d'ammoniaque sur les racines et particulièrement sur les betteraves.

Pour les céréales, au contraire, c'est le sulfate d'ammoniaque qui réussit mieux.

XXXIV

CHAUX

Il y a deux moyens d'employer la chaux en agriculture :

1º Comme élément destiné à modifier l'état physique du sol ; 2º comme engrais.

La chaux réduite en poudre constitue dans bien des cas un excellent engrais dont l'usage est très répandu.

Toutes fois elle présente quelques inconvénients :

En premier lieu, elle ne peut pas être employée en même temps que les sels ammoniacaux, car elle les décompose et fait perdre une partie de leur azote.

Elle ne peut pas non plus être mélangée à des superphosphates sans ramener, en partie au moins, leur acide phos. phorique à l'état insoluble.

Enfin comme elle passe rapidement dans le sol à l'état de carbonate de chaux, elle ne présente aux plantes l'élément calcaire que sous une forme peu soluble et doit par conséquent être fournie en assez grande quantité pour produire un effet sensible.

Dans ces conditions, on est arrivé à lui préférer dans certaines circonstances le sulfate de chaux ou plâtre qui est beaucoup plus soluble que le carbonate de chaux et qui n'exerce aucune action nuisible sur les autres éléments des engrais chimiques.

Chaulage. — La chaux que l'on retire des fours est en morceaux plus ou moins volumineux ; avant de la répandre sur le sol, on la fait déliter, c'est-à-dire qu'on la met à même d'absorber assez d'eau pour se réduire en une poudre très fine qui en facilite la répartition.

On peut arriver par plusieurs moyens à déliter la chaux : en la plongeant dans l'eau pendant une ou deux minutes à l'aide de paniers à claire-voie , elle se délite vite et on peut facilement la répandre sur le sol au moyen d'une pelle. Mais on n'emploie ce moyen que lorsque l'on est pressé.

Le meilleur système c'est de la déposer sur les champs par petits tas espacés comme les tas de fumiers.

On les recouvre de terre et au bout de 20 à 25 jours on mélange.

Si la chaux est suffisamment délitée, on peut la répandre sur le sol avec la terre à laquelle on l'a incorporée, et la dispersion se fait ainsi très régulièrement.

Si elle n'est pas entièrement fusée au bout du temps ordinaire, on la recouvre de nouveau de terre et on la laisse quelques jours.

On suit encore pour déliter la chaux, une autre méthode qui consiste à la disposer par lits alternatifs avec des gazons, des curures de fossés, vases de rivière, tourbes et autres matières dont on veut avancer la désorganisation.

Pour une partie de ces matières, on emploie deux parties de chaux et on recouvre de terre le mélange.

Aux dépens de l'humidité de la matière à désagréger, la chaux se délite, se gonfle ; le volume augmente et il se produit souvent des crevasses qu'il faut avoir le soin de boucher immédiatement.

Au bout d'une quinzaine de jours, on recoupe le tout et, après l'avoir amoncelé de nouveau, on le recouvre encore d'un peu de terre jusqu'au moment de l'employer qu'on retarde le plus possible du moins pendant un à deux mois, surtout si les matières incorporées à la chaux sont d'une désagrégation difficile.

Si les terreaux verts et autres matières qu'on mélange avec la chaux, contiennent des graines de mauvaises herbes, il est rare qu'elles résistent à l'action de la chaux pendant la stratification.

On peut mettre en tas plus vite si les matières sont de facile décomposition.

Il est prudent d'être sobre dans l'emploi de la chaux quand il s'agit de substances facilement décomposables parce qu'on ne ferait que les appauvrir.

Il est bon de choisir un beau temps pour répandre la chaux afin qu'elle se répartisse bien uniformément.

On peut passer la herse dessus pour mieux la disséminer et on l'enterre par un labour peu profond.

On a reconnu par l'expérience que le meilleur moment pour l'épandage de la chaux est celui de l'avant dernier labour.

Sulfate de chaux, plâtre. —. Le plâtre n'agit pas avec la même efficacité sur toutes les espèces de plantes.

Ses bons effets ne sont bien constatés que sur la luzerne, le trèfle, le sainfoin, les vesces, les pois, les haricots.

Il agit faiblement sur les prairies naturelles.

Ses effets sont douteux sur les récoltes sarclées ordinaires et à peu près nuls sur les céréales et la plus grande partie des graminées.

On sème ordinairement le plâtre par un temps humide, au moment où les feuilles de la plante couvrent la terre, pour qu'il s'y en attache le plus possible.

Si on le répandait en automne, la végétation des fourrages serait trop activée et les gelées tardives, trouvant les plantes tendres et aqueuses, pourraient produire des effets désastreux.

Plâtras. — On emploie quelquefois au lieu de plâtre, les vieux plâtras qui proviennent des démolitions ; ces matières contiennent du salpêtre ce qui ajoute à leur puissance comme engrais.

En RÉSUMÉ : Le nitrate de potasse comme source de potasse et d'azote — le nitrate de soude et le sulfate d'ammoniaque comme source d'azote — les superphosphates comme source d'acide phosphorique et le sulfate de chaux comme source de chaux, telles sont les substances dont se composent les engrais chimiques.

XXXV

Nous allons commencer notre troisième année d'exploitation.

Le drainage a complètement assaini nos champs ;

Nos prairies artificielles sont bien réussies ;

Nos bâtimens ruraux sont convenables et commodes ;

Notre outillage est complet ;

Nos vignes sont plantées sur un bon défoncement ;

Nous connaissons leur greffage, les opérations qui constituent leur taille, leurs maladies et les soins à leur donner ;

Nous nous sommes étendus sur les engrais ;

La fosse à fumer a été l'objet de notre étude la plus suivie ;

Nous savons ce qu'on entend par les composts, les engrais industriels et les engrais chimiques ;

Nos fourrages plus abondants vont nous permettre d'augmenter considérablement le nombre de nos bestiaux ;

Notre propriété commence à changer d'aspect.

Si au début je la quittais, le soir, avec un certain découragement bien naturel en présence de tout ce qui était à faire, j'y arrive, aujourd'hui, avec plaisir et le soir, je pars souvent avec regret d'un lieu où tout m'intéresse.

Si j'y faisais construire une petite maison d'habitation avec un petit jardin d'agrément et un jardin fruitier ?

Comme je n'ai ni l'intention, ni les moyens de bâtir un château, avec un parc, avant de rien commencer, je veux bien préciser ce que j'ai l'intention de faire.

XXXVI

MAISON D'HABITATION

Ma maison se composera d'une cave creusée dans le sol de manière que le rez-de-chaussée qui sera d'ailleurs élevé d'un mètre au-dessus du terrain, soit bien sain et bien aéré.

Cette cave nous servira soit pour nos vins, soit pour nos fruits.

Au rez-de-chaussée, auquel on arrivera par un perron de 6 marches, j'aurai ma cuisine, ma salle à manger et un cabinet de repos ou de travail.

Au premier quatre chambres ; au-dessus les chambres de domestiques.

Tout cela sera propre, mais fait le plus simplement possible.

Quel sera le lieu le plus propice pour la construire afin qu'elle soit saine, agréable et située de manière à ce que je puisse voir sans sortir presque toute ma propriété ?

A 300 mètres à l'ouest de mes bâtiments ruraux, sont situés mes bois de chênes d'une contenance de un hectare.

A cent mètres de ces bois il existe un petit plateau très sain, élevé au-dessus des terres du nord et du midi et qui se termine en pente douce jusqu'à mes bâtiments d'exploitation.

C'est là que que je vais faire construire ma maison : je serai abrité à l'ouest par mes bois et je dominerai toute ma propriété.

Cet emplacement étant définitivement choisi, je dois l'entourer de tout ce qui pourra la rendre agréable.

Le jardin fruitier me paraît devoir être, avant tout, l'objet de mes études.

XXXVII

JARDIN FRUITIER

Mon jardin fruitier et potager en même temps, doit être placé dans un lieu où la terre végétale se trouve épaisse, de bonne nature, perméable, frais en été ou au moins à l'abri des sécheresses.

A l'extrémité de la propriété, au midi, se trouve un espace de 30 à 40 ares, où croissent les joncs, mais qui a une épaisseur de terre végétale de 80 centimètres.

Il s'agit de l'assainir et de le défoncer.

Ma première opération est de faire nettoyer les fossés qui sont au-dessous et de le drainer, mais avec cette précaution que les drains doivent toujours se trouver dans les allées.

Je dois donc au préalable dessiner le tracé du jardin. Je devrai m'y conformer pour que tout soit à sa place.

Avant d'opérer mon défoncement, pour enlever à ce terrain son acidité, je le ferai couvrir d'une bonne couche de phosphate fossile qui se trouvera ainsi mélangé à la terre. Les acides du sol le rendront immédiatement soluble.

Quand j'ai fait choix de ce terrain, j'avais déjà escompté les avantages que me procureraient les eaux sortant des drains de mes champs supérieurs.

Je vais faire construire un bassin où je pourrai les recueillir et j'aurai ainsi de l'eau pour mes arrosages.

Non seulement mon potager pourra porter les cultures les plus variées, mais cette fraîcheur sera très profitable à mes arbres fruitiers.

Vous voyez donc bien que tout se combine, dans les travaux d'appropriation d'une propriété, pour tout utiliser. Ces eaux qui dans nos champs auraient été la ruine de nos végétaux de toute espèce, non seulement ne vont plus être pour nous une charge, mais un véritable profit.

Vous pensez bien que ce jardin fruitier qui sera l'objet de tous mes soins, recevra de moi de fréquentes visites ; mais il serait vraiment désagréable, en quittant mon cabinet, de parcourir sans agrément l'espace qui le sépare de la maison.

Je vais donc consacrer ce terrain à mon jardin d'agrément.

J'ai déjà dit que ce ne serait pas un parc.

Ainsi donc, aussitôt que, l'essentiel, c'est-à-dire le jardin fruitier ne demandera plus nos soins, nous porterons toute notre attention à la création du jardin d'agrément.

Mon jardin devra non seulement produire des fruits, mais fournir aussi les légumes nécessaires à la consommation de tout mon personnel.

Je dois donc le disposer de manière à ce que chaque chose se trouve à sa place :

Notre terrain est disposé en carré long ou rectangle.

Je tracerai d'abord une allée de deux mètres au milieu du terrain sur toute sa longueur.

Après avoir laissé de chaque côté une plate-bande de deux mètres, je tracerai deux allées parallèles à la première.

Je pratiquerai en travers deux allées de même largeur de manière à diviser le sol du jardin en six planches égales.

De chaque côté de chacune des allées, règnera une plate-bande de deux mètres de large.

Toutes mes plates-bandes sont destinées aux arbres fruitiers, le milieu des planches aux cultures potagères.

Dans la première plate-bande qui contourne extérieurement mon jardin, je réserverai le côté le plus exposé au soleil pour mes plantations d'abricotiers ou de pêchers.

Je pourrai même intercaler quelques souches de chasselas.

A l'est, je continuerai ma plantation de pêchers et de chasselas ou autres raisins de table.

Au nord, quelques cerisiers, pruniers et mes poiriers à fruit d'automne.

Enfin à l'ouest mes cordons de pommiers.

Toutes les plates-bandes qui longent l'allée du milieu et les allées transversales, seront plantées de poiriers formes pyramides ou espaliers.

Celles qui borderont les allées du pourtour porteront au midi des figuiers, au levant des pêchers, au nord des pruniers ou des cerisiers et au couchant des amandiers.

Il est évident que dans un espace aussi restreint nous ne pourrons pas mettre des fruitiers en plein vent dont l'ombrage empêcherait toute culture.

Je vais d'abord vous donner la nomenclature des arbres fruitiers les plus recommandables.

Le jardin fruitier devant fournir au propriétaire les meilleurs fruits en égale quantité pendant tous les mois de l'année, il importe beaucoup, pour obtenir ce résultat, de faire un choix convenable parmi les espèces et les variétés d'arbres à planter.

Il faut en outre observer que certains fruits sont surtout précieux pendant 6 ou 7 mois de l'année où l'on manque de légumes frais, fraises, melons, etc.; il est donc important d'augmenter les proportions des fruits d'hiver au détriment des variétés d'été et d'automne.

POIRES

NOMS	ÉPOQUE DE LA MATURITÉ
Beurré Giffard	Fin juillet.
Bon chrétien Williams	Août et septembre.

NOMS	MATURITÉ
Beurré de l'Assomption	Août et septembre.
Beurré superfin	Septembre.
Belle de Bruxelles	Septembre.
Louise Bonne d'Avranches	Septembre.
Beurré Gris	Octobre.
Baronne de Mello	Octobre, novembre.
Maréchal de Cour	Octobre.
Duchesse d'Angoulême	Octobre, novembre.
Doyenné Gris	Octobre, novembre.
Beurré Diel	Novembre, décembre.
Nec plus meuris	Décembre.
Beurré d'Aremberg	Décembre, janvier.
Zéphirin Grégoire	Janvier, février.
Beurré de Rans	Février, mars.
Doyenné d'Hiver	Janvier, mai.
Doyenné d'Alençon	Février, mai.
Suzette de Bavay	Février, avril.
Bergamote Espéren	Mars, mai.

POIRES A CUIRE

Messire Jean, — Martin Sec, — Catillac, — Belle Angevine, — Bon Chrétien d'hiver.

POMMES

Calville rouge d'été	Août.
Calville St-Sauveur	Novembre.
Grand Alexandre	Novembre.
Reinette dorée	Novembre.
Reinette de Hollande	Décembre, février.
Reine des Reinettes	Décembre, février.
Reinette du Canada	Décembre, mars.

11

NOMS	MATURITÉ
Calville blanc d'hiver	Janvier, mars.
Calville rouge d'hiver	Janvier, mars.
Reinette franche	Janvier, mars.
Reinette grise	Février, mai.

PÊCHES

Grosse mignonne hâtive	Fin juillet.
Pourprée hâtive	Mi-août.
Grosse mignonne ordinaire	Fin août.
Belle de Doué	Septembre.
Madeleine rouge de Courson	Mi-septembre.
Belle de Vitry	Fin septembre.
Bourdine	Fin septembre.
Chevreuse tardive	Fin septembre.
Tétons de Vénus	Fin septembre.
Admirable jaune	Octobre.
Pavie de Pomponne	Mi-octobre.

PRUNES

De Montfort	Fin juillet.
Reine-Claude verte	Fin août.
Washington	Septembre.
Drap d'Or d'Esperen	Fin août.
Petite Mirabelle	Fin août.
Reine-Claude de Bavay	Fin septembre.
Coes Golden Drops	Commencement d'oct.
Reine-Claude violette	Fin septembre.

Fruits à pruneaux : Agen, Sainte-Catherine, Punch Seetling.

XXXVIII

Nous venons d'énumérer les fruits les plus recommandables, comment pourrons-nous être sûrs de les avoir dans notre jardin ?

Les semis sont les modes de multiplication les plus convenables pour les espèces ligneuses où le bois seul est recherché ; les individus qui en résultent sont toujours plus vigoureux et vivent plus longtemps.

C'est en outre, pour la plupart des espèces, le mode le plus facile et le plus prompt.

Mais pour certaines espèces destinées à porter des fruits, elles ne peuvent être multipliées par les semis parce que les qualités particulières qui les distinguent ne seraient pas transmises aux individus qui naîtraient de ce mode de reproduction.

Il faut alors employer la multiplication artificielle dont les différentes sortes sont au nombre de trois :

La Bouture, le Marcottage et la Greffe.

Bouture. — On donne le nom de bouture à une partie de végétal qui, *séparée de son pied mère,* est mise en terre pour y développer des racines, si c'est une fraction de tige, ou des bourgeons si c'est une fraction de racine.

Ce procédé ne peut être employé que pour des espèces à bois très mou, qui s'enracinent facilement, saules, peupliers, platanes, etc.

Lorsqu'au printemps on confie une bouture au sol, l'énergie vitale est excitée par l'élévation de la température et le fragment de plante entre en végétation.

Le cambium qu'il renferme concourt au développement des bourgeons et des premières feuilles.

Celles-ci puisent dans l'atmosphère de nouveaux sucs nutritifs qu'elles transforment en fluide organisateur.

Les filets ligneux et corticaux descendants qui naissent des feuilles, sont arrêtés dans leur trajet ainsi que le cambium à la base de la bouture où ce fluide donne lieu à des bourrelets.

Bientôt les filets ligneux et corticaux, se faisant jour à travers cette masse spongieuse, apparaissent sous forme de racines.

La bouture est dès alors un individu parfait puisqu'elle se compose d'une racine et d'une tige.

L'époque la plus favorable pour effectuer les boutures en plein air est celle où la végétation est en repos, de novembre en avril.

Dans un sol sec, il vaudra mieux faire les boutures en automne ; dans un sol humide, au printemps pour éviter la pourriture.

Il y a plusieurs manières de faire les boutures, une entr'autres, qu'on a adoptée pour la vigne, c'est la bouture *Semée*. On coupe par petits tronçons d'environ 2 centimètres, toutes les parties suffisamment aoûtées d'un rameau et munies chacune d'un seul bouton ; ces petits sarments sont semés en rigole, couverts de un centimètre de terreau, tenus toujours en terre fraîche et il en sort bientôt une racine et une tige.

Marcottage. — Le marcottage est une opération à l'aide de laquelle on fait développer des racines à une tige ou une tige à des racines *avant de les avoir séparées de leur pied mère.*

Le marcottage peut être pratiqué en toute saison excepté

pendant les glaces, mais il y aura toujours avantage à l'effectuer au moment qui précède le premier bourgeonnement du printemps.

La marcotte recevra l'influence de toute la végétation de l'été suivant et développera des racines plus nombreuses.

On choisira les rameaux les plus vigoureux de deux ans au plus.

Il faut fumer convenablement avec du terreau et ameublir parfaitement toute la surface du terrain où les marcottes doivent être couchées.

Il faut relever à l'aide d'un tuteur le sommet de toutes les marcottes pour que le rameau se développe vigoureusement et que les racines soient nombreuses.

On devra en outre supprimer sur la souche tous les rameaux ou branches qui ne pourront pas être marcottés ; on aura ainsi plus de sève pour les marcottes.

Les espèces à bois mou peuvent être sevrées, c'est-à-dire détachées de la souche au bout d'un an.

Les espèces à bois dur demandent deux ans.

Tous les arbres ne s'enracinent pas aussi facilement les uns que les autres par le marcottage ; aussi la manière d'effectuer cette opération varie-t-elle suivant les espèces :

Certaines n'ont besoin que d'être recouvertes de terre pour s'enraciner et vivre comme des individus distincts après avoir été séparés de leur pied mère.

Pour d'autres, il en est un certain nombre pour lesquelles on modifie l'opération de manière à déterminer le développement des racines sur les marcottes.

On y est parvenu au moyen d'incisions de formes diverses qui arrêtent en partie la descension du cambium et des filets ligneux et corticaux.

On a provoqué ainsi la formation de bourrelets de tissu

cellulaire sur les bords des incisions et on a forcé les filets descendants à traverser ces bourrelets et à apparaître au dehors sous forme de racines.

Tel est le marcottage par incision annulaire qui s'opère en enlevant, au milieu de l'espace enterré, une partie cir-culaire d'écorce de 15 millimètres de largeur. On pratique aussi le marcottage en faisant une incision longitudinale de un centimètre au milieu du rameau enterré ; elle sera di-rigée vers le sommet et arrivera jusqu'à la moelle, on intro-duit un petit obstacle dans la fente.

XXXIX

GREFFAGE

A propos de la vigne, j'ai déjà parlé du greffage, mais, comme il est des choses qu'on ne sait jamais trop bien, je n'hésite pas à reprendre cette question et à la traiter ici en entier.

Le greffage est une opération qui consiste à souder un végétal à un autre qui deviendra son support et lui fournira une partie des aliments nécessaires à sa croissance.

Le greffage a pour but :

1º De changer la nature d'un végétal en modifiant le bois, le feuillage, la floraison et la fructification qu'il était appelé à donner :

Exemple. — En greffant un poirier sur un cognassier ou sur une aubépine, vous changez la nature du bois de ces deux plantes, les fleurs sont différentes et les fruits ne sont pas les mêmes. — En greffant un rosier sur un églantier vous changez la floraison et en même temps la nature des semences ; - - enfin en greffant un cerisier à gros fruit sur un cerisier sauvage, vous changez complètement sa fructification.

2º De provoquer l'évolution de branches, de fleurs ou de fruits sur les parties de l'arbuste qui en étaient privées.

Exemple. — Quand vous voulez donner une forme déterminée à un arbre et qu'il manque une des branches indispensables, vous greffez un œil qui, avec les précautions dont nous parlerons plus loin, se développera et formera la branche demandée.

Si votre arbre est complètement dépourvu de productions fruitières, à l'automne, au moyen de la greffe, vous pouvez lui faire porter l'année suivante les fruits qui seront le mieux de votre goût et en même temps, le mettre à fruit pour l'avenir, en greffant sur toutes les branches des boutons à fruit pris sur d'autres arbres.

3° De restaurer un arbre défectueux ou épuisé par la transfusion de la sève nouvelle d'une espèce vigoureuse.

Exemple. — Vous avez un arbre fruitier d'une variété précieuse que vous tenez à conserver ; il dépérit tous les jours : vous vous empressez, avant qu'il ne meure, de prendre des greffons que vous allez confier à un sujet vigoureux.

Votre arbre vous reviendra jeune et sans avoir perdu aucune de ses qualités.

4° De rapprocher sur la même souche les deux sexes des végétaux monoïques, c'est-à-dire n'ayant chacun qu'un sexe, afin de faciliter leur fécondité.

Exemple. — Vous avez deux arbres de même espèce et de sexe différent, c'est-à-dire qui n'ont, l'un que des fleurs garnies d'étamines, l'autre des fleurs avec un pistil. Ces deux arbres produiront toujours des fleurs infécondes tant qu'ils ne seront pas rapprochés ; or en greffant sur l'un d'eux un rameau de l'autre, ils auront tous les deux, les deux sexes et la fructification aura lieu.

5° De conserver, de propager un grand nombre de variétés de plantes ligneuses ou herbacées, d'utilité ou d'agrément qui ne peuvent être reproduites par aucun autre procédé de multiplication.

Exemple. — Il existe une grande quantité de plantes

dont la graine n'arrive jamais à maturité sous notre climat qui est trop froid.

Elles ne peuvent se reproduire en outre ni par bouture ni par marcotte ; le seul moyen de les conserver c'est de les greffer sur des sujets qui peuvent leur convenir.

Le végétal ou fragment de végétal soudé à un autre, conserve ses qualités originaires, ses propriétés caractéristiques, seulement il est indispensable qu'il y ait affinité entre les espèces.

Les parties doivent avoir une vigueur à peu près égale, mais il est essentiel que le greffon ait une végétation moins précoce que le sujet.

Les variétés délicates greffées sur un sujet faible, produisent un arbre chétif ; sur un sujet trop vigoureux, elles ne peuvent pas absorber toute la sève fournie par les racines, de là débilité et maladie.

Quand le greffon est plus vigoureux que le sujet, comme le poirier sur cognassier, le pommier sur paradis, l'arbre sera moins vigoureux et donnera plus tôt des fruits.

Rapprochement des deux parties. — Pour toute sorte de greffage il est indispensable que les deux parties greffées, aient en communication intime non pas l'épiderme ni la moelle, mais la couche génératrice, c'est-à-dire les couches nouvelles et vives du liber ou de l'aubier dans le tissus desquelles afflue le cambium.

La multiplicité des points de contact favorise une soudure plus complète.

Enfin quand le sujet et le greffon ne sont pas de même grosseur, il est indispensable que les deux écorces soient bien adhérentes au moins d'un côté.

Saison du greffage. — En principe le greffage doit

être pratiqué pendant que la sève est en mouvement depuis le mois de mars jusqu'en septembre.

Il est bon que le sujet et le greffon soient dans un état de sève à peu près analogue ; mais dans le cas contraire, il vaut toujours mieux que le greffon soit moins avancé que le sujet ; il est bien évident que si ce dernier n'était pas encore en sève, le greffon privé de nourriture se dessécherait aussitôt.

Procédés de greffage. — Les procédés de greffage sont très nombreux et varient à l'infini suivant les conditions où l'on se trouve.

Nous ne donnerons ici la description que de ceux qui sont généralement usités.

Greffage par approche. — Le greffage par approche est le plus ancien de tous ; il consiste à souder deux arbres par leurs tiges ou leurs branches.

Dans les forêts, dans les charmilles, on rencontre des arbres unis entr'eux dans leurs parties aériennes ou souterraines par suite de leur contact intime ou de leur frottement prolongé.

Ce greffage est de la plus grande simplicité :

Sans effeuiller le greffon, pratiquez à la fois sur le sujet et le greffon une ablation de bois identique, c'est-à-dire avec le greffoir enlevez-en également de l'un et de l'autre de manière qu'ils s'appliquent parfaitement l'un sur l'autre.

Vous n'aurez qu'à les lier ensemble et les engluer.

Après une année de végétation au moins, quand la liaison est assurée, on procède au sevrage, c'est-à-dire qu'on retranche la tête du sujet et la partie inférieure du greffon.

Greffe en approche à l'anglaise. — Souvent pour donner plus de solidité à l'assemblage, on ouvre sur chacune des parties et en sens contraire, deux languettes ou encoches qui rentrent l'une dans l'autre.

C'est la greffe en approche à l'anglaise.

Quand on procède au sevrage, pour éviter des réactions trop vives produites par ces mutilations radicales, il faut agir par retranchements partiels et successifs.

Le greffon doit rester adhérent à la mère tant que la liaison n'est pas un fait accompli, ce que l'on reconnaît quand, au point de la soudure, il se forme un bourrelet et que les deux parties croissent en même temps.

Le greffage par approche sert à des usages bien nombreux et qu'il serait trop long de décrire :

Jeunes sujets en vase greffés auprès d'un arbre étalon ;

Etalon en vase élevé à la hauteur des greffons ;

Garniture des branches dénudées du pêcher ou de la vigne au moyen d'un rameau herbacé pris sur la même branche ;

Formes d'arbres de fantaisie toutes formées à l'aide de la greffe en approche ;

Cordons de pommiers soudés les uns aux autres ;

Greffe de rallonge ou de raccord pour deux arbres qui ne peuvent se joindre et qui se fait en greffant un rameau pris sur un arbre étranger, d'abord sur le premier et ensuite sur le second ;

Application au grossissement des fruits en greffant une petite branche sur le pédoncule du fruit pour lui fournir un supplément de sève ; c'est un travail d'amateur :

Ainsi vers le mois de juin, on greffe un jeune rameau herbacé sur le pédoncule d'une poire, la plus rapprochée de lui. On ligature et on en pince l'extrémité.

La sève de ce rameau passant toute dans le fruit, il deviendra nécessairement beaucoup plus gros.

Avec les fruits à pédoncule trop court ou trop fin comme la pomme et la pêche, on greffera le rameau herbacé sur la branche qui porte le fruit et le plus près possible de son point d'attache sur la branche.

Greffage par rameau détaché. — Le sujet sera un végétal complet élevé sur place ou en pépinière.

Le greffon est un rameau ou une fraction de rameau portant au moins un œil.

On n'emploie des greffons plus courts que pour les espèces à bourgeons rapprochés et plus longs dans un pays froid.

Le greffon peut-être détaché à l'avance de l'arbre étalon quand la sève est en repos pour le greffage du printemps.

On le conserve alors à l'ombre d'un bâtiment, la base enfoncée dans du sable fin.

S'il ne doit être employé qu'après la montée de la sève, on le garde dans une cave fraîche, couché complètement dans le sable.

Les greffons d'espèces toujours vertes, ne seront détachés qu'au moment de greffer et on leur laissera les feuilles.

Les espèces à feuilles caduques, greffées en été, auront leur greffon séparé de l'étalon moins de vingt-quatre heures avant le greffage.

On les effeuillera de suite, c'est-à-dire on coupera la feuille sur son pétiole pour éviter l'évaporation.

On fait en sorte d'appliquer le greffon sur le sujet de manière qu'il se trouve un bourgeon du sujet à la hauteur de la greffe en face ou sur le côté afin qu'il y attire la sève et favorise ainsi la soudure.

Greffage de côté. — Ce procédé est important pour restaurer les arbres défectueux, pour obtenir des branches où il en manque et changer la variété de sujets déjà vieux.

Par rameau simple. — Le greffon est un petit rameau long de 10 à 20 centimètres dont la partie inférieure est taillée en biseau.

Après avoir pratiqué sur le sujet une incision en T, on y glissera le greffon de manière que le sommet de son biseau aboutisse à l'incision transversale du sujet.

Avec embase. — On choisira pour greffon un rameau court ; avec le gréffoir on le détache de la branche qui le porte en conservant une bande d'écorce en deçà et en delà de l'empâtement du rameau.

S'il reste un peu de bois sous l'embase, il ne faut pas l'enlever ; on se bornera à en applanir la surface avec la lame du greffoir.

Comme pour l'opération précédente, on ouvre une incision en T, on y glisse le greffon après avoir soulevé les lèvres de l'incision et on ligature.

L'englûment est inutile.

C'est au moyen des deux procédés de greffage que nous venons d'examiner, que l'on greffe des boutons à fruit sur des arbres stériles.

Cette opération spéciale au poirier a un double but :

1º Utiliser les boutons à fruit surabondants d'un arbre ;

2º Faire fructifier un sujet vigoureux jusque-là stérile.

Vers le mois d'août, on ira prendre, sur des arbres trop chargés de fruit, une partie des boutons qui sont inutiles, pour les greffer sur des sujets qui en manquent.

On détachera les greffons de l'étalon au moment de les employer, on coupera leurs feuilles et on les mettra au frais dans un vase plein d'eau ou de mousse humide. On procèdera comme nous venons de l'indiquer plus haut.

Si on a quelques lambourdes ou dards fructifères à greffer quand la sève n'est pas assez abondante, on employera la greffe en fente, en incrustation ou en couronne dont nous parlerons tout à l'heure.

Tous ces boutons greffés fleuriront l'année suivante et fructifieront avec plus de succès que s'ils n'avaient pas été dérangés.

Un arbre vigoureux, une branche gourmande, se prêtent parfaitement à ce mode de greffage.

Leur fructification forcée les domptera et les amènera à fructifier naturellement.

On peut de cette manière voir un même arbre porter plusieurs variétés de fruit.

Le poirier est l'arbre qui se prête le mieux à cette opération.

Greffe de côté avec entaille. — Le sujet ne sera pas étêté. On détachera au moment de l'utiliser, un greffon de moyenne grosseur et pourvu de son œil terminal.

On ne retranche que les feuilles à la base.

Pour faire pénétrer le greffon dans l'aubier du sujet, après l'avoir aminci sur les deux faces en forme de coin, on tranche l'écorce des premières couches d'aubier du sujet, en dirigeant la lame de l'outil de haut en bas vers l'axe du sujet sans arriver jusqu'à la moelle.

Nous avons parlé de ce procédé de greffage quand, à propos du greffage de la vigne, nous avons décrit la greffe employée à Cadillac (Gironde).

Afin que le sujet n'accapare pas toute la sève aux dépens du greffon, on écime le premier progressivement à partir du moment où l'agglutination semble assurée et on continue ce rognage à mesure que la greffe se développe.

Greffe en couronne. — Le greffage en couronne est d'un bon emploi pour un grand nombre d'arbres et surtout pour ceux dont le tronc est très gros et ne pourrait subir sans danger aucune mutilation.

On la pratique au printemps sitôt que l'écorce se détache bien de l'aubier.

Le sujet devra être étêté trois ou quatre semaines au moins avant le greffage.

Les rameaux à greffer devront être coupés avant l'ascension de la sève, couchés en terre dans une cave ou au nord du bâtiment.

Il faut éviter deux choses bien essentielles : qu'ils se mettent en végétation ou qu'ils se dessèchent.

Le greffon auquel on laissera deux ou trois yeux sera taillé en biseau plat ou bec de flûte à sa partie inférieure. Le biseau doit commencer en face d'un œil à partir de l'étui médullaire et se terminer en s'amincissant.

Il ne faut pas lui laisser trop d'épaisseur.

Un petit cran ménagé à la partie supérieure du biseau est utile en ce sens qu'il permet d'asseoir solidement le greffon sur le sujet.

L'insertion de cette greffe se fait en tête du sujet sur la coupe entre l'écorce et le bois.

Après avoir écarté l'écorce du bois au moyen d'un petit coin effilé en bois ou en ivoire, on le retire et on y met immédiatement le greffon.

On fait glisser le greffon entre le liber et l'aubier et s'il se trouvait trop gros, pour éviter des déchirures, au moyen du greffoir, on pratiquerait sur le sujet une incision verticale.

Tout autour du tronçon à greffer, on place une série de greffons à cinq centimètres au moins l'un de l'autre. Une ligature est nécessaire après l'insertion des greffes.

On applique l'onguent non seulement sur toutes les plaies mais encore sur l'écorce du sujet qui recouvre les greffons pour prévenir la déchirure.

Il vous sera bien facile de comprendre que tous ces greffons plantés autour du tronc coupé, forment comme une couronne et que c'est de là qui lui est venu son nom de greffage en couronne.

Greffe en fente. — La greffe en fente est employée pour propager la plus grande partie des végétaux ligneux à feuilles caduques.

Le greffon de 8 à 10 centimètres de longueur est taillé sur deux faces en biseau presque triangulaire.

Au moment de l'opération, on tronçonne le sujet soit au moyen de la scie, soit du sécateur, mais toujours il faut unir la plaie avec la serpette.

Si la tige est de moyenne grosseur, on ne lui applique qu'une greffe ; on établit alors l'aire de l'amputation dans un sens oblique.

Mais si la force du sujet exige deux greffons, on fait la coupe sur un plan horizontal.

Au moyen d'un coin, on maintient la fente ouverte pour y faire entrer le greffon.

Si le sujet avait une écorce épaisse, comme il est indispensable que les deux libers du sujet et du greffon se trouvent vis-à-vis l'un de l'autre, il faudrait faire rentrer le greffon de toute la différence d'épaisseur des deux écorces.

Vous comprenez parfaitement que si, comme il arrive très souvent, vous faisiez affleurer extérieurement les deux écorces, l'une étant bien moins épaisse que l'autre, la sève, au lieu de continuer sa circulation en passant directement dans le greffon, trouverait son chemin fermé par le bois de celui-ci et que l'opération serait presque toujours manquée.

Il va sans dire que le greffon doit avoir été traité de manière à n'être pas entré en végétation.

Quand après avoir retiré le coin, le greffon ne se trouve

pas fortement serré par le sujet, il faut ligaturer.

Les mois de mars et d'avril sont les époques habituelles pour le premier greffage en fente.

Le second se pratique dans les mois d'août, septembre et octobre.

Il faut choisir le moment où la sève est à son déclin.

Posée plus tôt, la greffe pourrait bourgeonner et les gelées de l'hiver la feraient périr.

Posée trop tard, elle ne pourrait plus s'unir au sujet par suite de la disparition du cambium.

Greffe à l'Anglaise. — La greffe anglaise comprend un sujet et un greffon qui sont ordinairement de même grosseur.

On les taille en biais l'un dans un sens, l'autre dans le sens opposé, mais sur un même angle, de façon qu'ils coïncident par leur rapprochement.

Pour leur donner plus d'adhérence et de solidité, on pratique sur chacun une languette de manière qu'elles s'encochent réciproquement.

Le greffon doit être un rameau bien constitué de deux à trois yeux.

Cette greffe s'emploie ordinairement pour greffer les vignes françaises sur les vignes américaines.

Si le greffon était d'un diamètre plus petit que celui du sujet, on le ramènerait d'un côté de manière que les épidermes se confondent.

Il faut ligaturer et engluer.

Greffe anglaise à cheval. — Le sujet est taillé au sommet en double biseau ; le greffon est fendu à sa base ; on l'ouvre et on le place à cheval sur le sujet qui s'y enclave.

Il n'y a plus qu'à ligaturer et engluer.

12

Si le greffon et le sujet ne sont pas de même grosseur, n'oubliez jamais qu'ils doivent coïncider exactement d'un côté.

On emploie aussi ce mode de greffage pour la vigne.

Il est inutile que je vous dise que toutes ces greffes demandent avant tout à n'être point ébranlées, qu'il faut à chaque sujet un bon tuteur où puissent être attachés tous les bourgeons à mesure de leur croissance.

Quand on s'aperçoit que la ligature étrangle le greffon, on la détache avec précaution au lieu de la couper en travers dans la crainte de faire pénétrer le couteau dans les jointures de la greffe.

Greffage en Ecusson. — L'œil ou bourgeon accompagné d'une certaine portion d'écorce, détaché du rameau, forme le greffon.

Le sujet est un arbre en végétation ; vous inoculerez le greffon après avoir pratiqué sur le sujet une incision en T, en soulevant avec la spatule du greffoir l'écorce qui, pendant que le sujet est en sève, se détachera de l'aubier.

Les greffons doivent être pris sur des rameaux de l'année courante, si le greffage se fait en été mais s'il se fait au printemps, ils devront nécessairement être de l'année précédente.

Les yeux doivent être bien formés mais non développés.

Comme pour tous les modes de greffage, le sujet doit être en sève pour recevoir le greffon et celui-ci doit être beaucoup moins avancé.

Un rameau greffon aoûté vaut mieux qu'un rameaux herbacé.

Les yeux situés au milieu du rameau sont les plus convenables ; ceux de la base et du sommet sont souvent incomplets.

La réussite dépend beaucoup de la célérité qu'on apporte à glisser vivement l'écusson détaché dans l'incision du sujet pour que les parties internes ne souffrent pas du contact de l'air.

On ligature ; l'englûment n'est jamais employé.

On place une feuille d'arbre sur la partie écussonnée lorsque le sujet est en plein soleil.

Si les greffons avaient de trop gros yeux comme ceux des sorbiers, des marronniers, on ferait une incision assez longue et au milieu une incision transversale ; le tout formerait une croix.

Ecussonnage en placage. — Pour écussonner en placage, on place le greffon sur le sujet ; avec le greffoir on tranche des deux côtés, dessus et dessous les deux écorces à la fois et naturellement la plaque d'écorce qui porte le greffon s'appliquera identiquement sur la place que lui aura laissée l'écorce du sujet enlevée puisqu'elles ont toutes deux été tranchées ensemble.

Il faut ligaturer avec soin.

On pratique l'écussonnage à œil poussant ou à œil dormant.

Le premier doit être employé au commencement de la végétation de manière que la greffe puisse se développer suffisamment et devenir ligneuse avant l'hiver.

Pour le second, dont les greffes ne doivent pas végéter avant le printemps suivant, juillet, août et septembre constituent la période la plus favorable.

Greffage en flûte. — Le greffage en flûte est encore employé pour le châtaigner, le mûrier, le figuier.

Pour avoir le greffon, on fait sur le rameau une incision circulaire au-dessus et au-dessous de l'œil et une incision longitudinale vis-à-vis l'œil à la face opposée.

On détache adroitement cette partie d'écorce située entre les incisions et on la porte sur le sujet.

Avec le greffoir, en suivant les bords de cette plaque, on tranchera l'écorce du sujet qui sera enlevée et remplacée par l'autre.

Si le greffon est plus large que le sujet, on doublera l'écorce du premier et avec un coup de greffoir au milieu ce qui est de reste tombera ; si le sujet est plus gros et que l'écorce du greffon ne puisse pas garnir le pourtour, on laissera sans l'enlever au sujet la partie d'écorce qui manque au greffon.

De ces deux manières, il y a toujours régularité parfaite.

Comme il est impossible de bien diriger une plante pendant le cours de sa vie, sans connaître les lois de la végétation, je me suis étendu longuement sur la bouture, le marcottage et le greffage.

Il arrive souvent qu'on n'a pas chez soi une pépinière et qu'il faut aller prendre ses arbres chez les pépiniéristes ; je crois devoir vous donner quelques conseils.

XL

CHOIX DES ARBRES A LA PÉPINIÈRE

Il faut se garder de prendre des arbres dont la végétation extraordinaire a été produite soit par l'engrais humain, soit par tout autre système d'engraissement factice.

Ils dépérissent vite dans un sol où ces éléments manquent.

Néanmoins il ne faut pas craindre de choisir ceux qui, venus dans de bonnes terres, croissent avec vigueur ; leurs bourgeons sont longs et bien nourris, leur écorce est lisse et unie ; ils possèdent tous les éléments de réussite.

Si, en sortant de la pépinière, ils sont plantés dans des terres de qualité inférieure, ils éprouveront nécessairement une sorte de malaise résultant de la réaction causée d'un côté par ce changement subit et si grand de la nature du sol en contact avec leurs racines, et de l'autre par la fatigue qui résulte toujours de la transplantation.

Ils végèteront pauvrement pendant les deux premières années, mais, étant sortis de la pépinière bien constitués, ils regagneront promptement ce retard et deviendront des arbres de premier choix.

Si, au contraire, ils avaient été élevés dans une terre médiocre ou mauvaise, ils seraient sortis de la pépinière avec des bourgeons courts, mal nourris, avec une écorce rugueuse, quelquefois couverte de mousse et, à cause de leur débilité naturelle, auraient beaucoup plus ressenti les fatigues de l'arrachage et de la transplantation.

Quoique placés dans un bon terrain, ils ne donneraient jamais des sujets vigoureux.

Quel que soit le terrain de la pépinière, il faut toujours choisir les sujets les plus beaux et les mieux constitués.

La première condition de réussite est un bon arrachage ou plutôt une bonne déplantation.

Il faut éviter de meurtrir et d'éclater les racines.

Plus elles seront ménagées, plus le chevelu sera abondant et la reprise assurée.

Les racines doivent rester exposées à l'air le moins de temps possible et surtout être protégées contre les gelées.

Si elles étaient desséchées, il faudrait les faire tremper dans l'eau pendant un certain temps.

Elles doivent toujours être mises en jauge.

XLI

PLANTATION

Le défoncement ayant été opéré, la couche supérieure du sol améliorée, le tassement fait, les arbres choisis et leur place assignée, il ne reste plus qu'à s'occuper de la plantation.

Les arbres qu'on plante en automne, immédiatement après la chute des feuilles, émettent pendant l'hiver des radicelles qui au printemps assurent, avec la reprise, une végétation plus vigoureuse que celle qu'on obtient des arbres plantés après l'hiver.

Toutefois, dans les terres froides, humides, à sous-sol imperméable, dans les terrains exposés à être submergés par les eaux de pluies, la plantation doit, par exception, être retardée jusqu'au printemps.

Dans tous les cas, elle ne doit s'opérer que par un beau temps lorsque la terre est sèche est bien meuble.

On appelle habillage l'opération qui consiste à rafraîchir, à couper nettement l'extrémité des racines au-dessus du point où elles ont été éclatées ou meurtries.

Il faut pratiquer la taille jusqu'au point où l'écorce se montre parfaitement saine.

On coupe aussi tout ce qui dans le chevelu paraît desséché.

On ne racourcit la tige qu'à la fin de l'hiver, avant l'ascension de la sève.

Il y a toujours avantage à plonger les racines dans une

bouillie composée d'eau, de terre franche, de bouse de vache ou de crottin de cheval.

Les radicelles se développent avec plus de force.

Si les racines sont desséchées, on les laisse tremper un jour entier.

S'il arrivait que les racines eussent été exposées à la gelée, il faudrait placer l'arbre dans un lieu, dont la température un peu tiède, amenât un dégel graduel et avant la plantation on immergerait les racines dans la bouillie.

Mise en terre de l'arbre. — L'arbre doit être absolument planté comme il l'était à la pépinière ; il y a toujours une ligne bien marquée qui indique son premier niveau avec le sol.

Comme il est essentiel que l'arbre ne soit ni plus haut ni plus bas, pour assurer sa position définitive, il faut quand on en fait des tranchées ou de grands trous, tenir compte du tassement qui est environ du dixième de la profondeur du défoncement.

Il faut donc qu'il se trouve au-dessus du sol avec cette différence.

Si l'arbre est greffé en pied, il importe que la greffe se trouve à deux ou trois centimètres au-dessus du sol. Il faut avec du terreau bien garnir les interstices qui sont entre les racines.

XLII

LA TAILLE

Vous voyez tous les jours des gens qui taillent les arbres, sans avoir la moindre notion des lois de la végétation.

Cette opération est extrêmement délicate ; si vous voulez me suivre avec attention dans toutes les explications que je vais vous donner, vous comprendrez l'étude sérieuse et complète dont elle doit être l'objet.

Pratiquée sans discernement, la taille, surtout celle des arbres fruitiers, n'est qu'une mutilation stérile.

Pratiquée avec intelligence, elle donne les meilleurs résultats.

Par le raccourcissement annuel des branches, elle concentre la production dans l'espace le plus restreint et fait obtenir le plus grand rapport sur une surface déterminée de terrain.

Elle rend aussi la production moins irrégulière, les fruits mieux nourris et plus beaux.

La taille a pour résultat d'augmenter le produit des arbres en forçant chacune des branches de charpente à se garnir de rameaux à fruit distribués dans toute sa longueur.

Par l'exacte symétrie de la forme, elle établit dans l'arbre cet équilibre général de végétation qui est en même temps une satisfaction pour la vue et une condition essentielle de santé et de durée.

Epoque de la taille. — On peut tailler les arbres

fruitiers du commencement de novembre au commencement d'avril.

Le meilleur moment est en février et mars avant l'ascension de la sève.

Il faut toujours suspendre ce travail pendant les gelées.

La taille précoce renforce l'arbre, car elle n'amène aucune déperdition de sève.

La taille tardive l'affaiblit.

La première convient donc aux arbres qui n'ont pas un excès de vigueur ; la seconde aux arbres qui s'emportent à bois et dont on veut provoquer la mise à fruit.

D'une manière générale, on doit, l'année même de la plantation donner aux arbres la première taille de formation quand l'arbre est bien constitué et planté dans de bonnes conditions.

Il est inutile, dans ce cas, de perdre une année.

Mais si l'arbre est peu robuste et mal planté, il vaudra mieux ajourner à la seconde année de plantation, sa première taille de formation de la charpente.

Les bourgeons plus nombreux qu'on laisse ainsi à la tige, aident au développement des racines qui, ayant bien pris possession du sol, donnent, l'année suivante, des pousses plus vigoureuses et des ramifications plus solidement établies.

Formes. — L'arbre fruitier abandonné à sa végétation naturelle, prend généralement de lui-même la forme à haute tige lorsqu'il trouve autour de lui un espace suffisant et la forme allongée en fuseau ou colonne lorsqu'il n'a autour de lui qu'un espace restreint.

L'arbre soumis à une direction systématique, finit par accepter les formes artificielles qu'on lui impose.

Il y a donc deux sortes de formes : les formes *naturelles* et les formes *artificielles*.

Les premières produisent sans beaucoup de frais et conviennent spécialement à la grande culture dont le but exclusif est le rapport.

Les secondes, d'une exécution plus difficile et plus coûteuse, conviennent à la petite culture dont le but est en même temps le rapport et l'agrément.

PRINCIPES GÉNÉRAUX DE LA TAILLE

1º *La charpente des arbres doit être parfaitement symétrique.*

Cette régularité n'a pas seulement pour but de leur donner un aspect plus agréable, elle est surtout destinée à leur faire occuper régulièrement et, sans perte d'espace, la place qu'on leur a consacrée contre les murs ou sur les plates-bandes.

Elle facilite aussi le maintien de l'équilibre de la végétation dans tout l'ensemble de l'arbre en empêchant la sève d'être attirée plutôt d'un côté que de l'autre.

2º *La durée de la forme d'un arbre soumis à la taille, dépend de l'égale répartition de la sève dans toutes ses branches.*

Dans les arbres fruitiers abandonnés à eux-mêmes, la sève se distribue régulièrement parce que l'arbre prend de lui-même la forme la plus en harmonie avec la tendance naturelle de cette sève.

Mais dans l'arbre soumis à la taille, il est indispensable de prendre certains moyens pour changer la direction naturelle de cette sève et maintenir cette direction vers chacun des points où l'on a besoin d'entretenir des ramifications.

Voici les opérations auxquelles on doit avoir recours pour obtenir un bon résultat :

Quand, dans un arbre, l'équilibre de la végétation est rompu et *qu'un côté est beaucoup plus développé que l'autre*, il faut tailler très court les rameaux de la partie forte et très longs ceux de la partie faible.

La sève se portera en plus grande quantité sur cette dernière partie qui aura plus de feuilles et la végétation s'y développera au détriment de la partie forte.

Incliner la partie forte et redresser la partie faible.

La sève des racines agit avec d'autant plus de force sur l'allongement des bourgeons, que les branches sont plus verticales. Les feuilles nombreuses qui s'y trouveront attireront la sève en plus grande quantité que sur la partie inclinée.

Supprimer le plus tôt possible sur la partie forte les bourgeons inutiles et pratiquer cette suppression le plus tard possible sur la partie faible.

Moins il y aura de bourgeons sur une branche, moins il y aura de feuilles et par conséquent moins la sève y sera attirée.

Laisser sur la partie forte le plus grand nombre de fruits possible et les supprimer tous sur la partie faible.

On sait que les fruits attirent à eux la sève des racines et l'emploient entièrement à leur accroissement.

Il en résultera que toute la sève qui arrivera dans la partie forte sera absorbée par les fruits et que ce côté prendra moins de développement que l'autre.

Mouiller toutes les parties vertes du côté faible avec une dissolution de sulfate de fer.

Cette dissolution faite dans les proportions de un gramme et demi par litre d'eau et appliquée après le coucher du soleil, est absorbée par les feuilles et stimule puissamment leur action sur la sève des racines.

Planter au-dessous d'une branche trop faible un jeune sauvageon et greffer par approche le sommet de ce jeune plant au-dessous de la branche faible.

Toute la sève du jeune arbre passera dans cette branche.

2° *La sève fait développer des bourgeons beaucoup plus vigoureux sur un rameau taillé court que sur un rameau taillé long.*

Il est évident que si la sève n'agit que sur un ou deux bourgeons, elle les fait se développer avec beaucoup plus de vigueur que si son action est disséminée entre un grand nombre.

Donc, pour obtenir des rameaux à bois, il faut tailler court, tandis que, pour faire développer des rameaux à fruit, il faut tailler long parce que ces rameaux moins vigoureux se chargeront d'un plus grand nombre de boutons à fleurs.

Quand il s'agit d'un arbre épuisé, on soumet tous les rameaux sans exception à la taille courte et la sève agit alors avec une égale intensité sur le développement de tous les nouveaux.

3° *Plus la sève est entravée dans sa circulation, moins elle agit avec force sur le développement des bourgeons et plus elle produit de boutons à fleurs.*

La sève est ralentie dans l'arbre formé par l'étendue des ramifications qu'elle a à parcourir ; c'est alors seulement que les boutons à fleur commencent à se former et c'est si vrai que les arbres n'ont jamais plus de boutons à fleur que lorsqu'ils sont souffrants.

Pour obtenir ce résultat artificiellement, il faut d'abord tailler long le prolongement des branches de charpente, appliquer ensuite aux bourgeons qui naissent sur les prolongements successifs de cette charpente ainsi qu'aux rameaux qui en résultent, pour les bourgeons : le pincement et la torsion ; pour les rameaux : le cassement partiel ou complet.

Nous décrirons plus loin ces opérations.

Appliquer sur les branches de charpente un certain nombre de greffes de boutons à fruit.

Nous avons décrit cette opération en parlant du greffage.

Ces greffes de rameaux à fruit venant à fructifier et les fruits absorbant une grande partie de la sève surabondante de l'arbre, il se forme de nombreux boutons à fleur.

Nous avons déjà dit que ce moyen ne peut être employé que pour les fruits à pépins.

Arquer toutes les branches de la charpente de manière à ce qu'une partie de leur longueur soit dirigée vers le sol.

La sève tendant toujours à suivre la ligne verticale, on conçoit que lorsque les rameaux sont arqués et dirigés vers le sol, la vigueur des bourgeons doit diminuer et déterminer leur mise à fruit.

Pratiquer en février vers la base de la tige une incision annulaire.

La sève s'elevant des racines vers les feuilles, en passant dans la couche de bois la plus extérieure, l'incision annulaire gêne cette ascension et l'arbre se met à fruit. L'incision doit pouvoir se refermer dans l'année, sans quoi l'arbre périrait : il faut donc qu'elle ne soit pas trop large.

Couper au printemps quelques racines.

Cette opération est très énergique et il ne faudrait pas l'employer trop souvent.

Transplanter les arbres à la fin de l'automne.

Il faut les enlever avec précaution en leur conservant toutes leurs racines.

Ordinairement cette fatigue fait que, l'année suivante, l'arbre se couvre de fleurs.

Voilà les procédés les plus propices pour la bonne fructification des arbres fruitiers.

Le poirier peut être greffé sur trois sortes de sujets : le poirier franc, le cognassier et l'aubépine.

Le poirier franc, obtenu par semis de pépins, produit toujours des arbres plus vigoureux, de plus de durée, résistant mieux à la sécheresse, mais les fruits sont moins gros et moins savoureux.

Le cognassier est moins vigoureux que le poirier franc ; il est préféré pour les terrains plus substantiels non exposés à la sécheresse et pour les poiriers soumis à toutes les formes moins celle de plein vent.

Le pommier peut être greffé sur trois sortes de sujets : le pommier franc, le doucin et le paradis. Il faut tenir compte de la forme à donner et de la nature du sol.

Le pommier franc obtenu au moyen de semis de pépins est le plus vigoureux ; il a une longue durée mais la fructification se fait longtemps attendre.

Il convient pour les arbres en plein vent.

Le pommier doucin est un peu moins vigoureux, sa mise

à fruit est plus prompte ; il convient à tous les arbres qu'on forme en vase ou en gobelet ou en espalier. Il forme des pommiers nains dans les terrains secs.

Le pommier de paradis est le moins vigoureux. Il sert à former les pommiers nains très fertiles qui produisent dès la troisième année de greffe ; les fruits sont très gros mais ces arbres ne vivent pas longtemps.

XLIII

DES FORMES A DONNER AUX ARBRES

Planté et livré à lui-même, le jeune arbre perd peu à peu ses ramifications inférieures pour ne conserver que des ramifications robustes au sommet.

La tige s'allonge, finit par se bifurquer en se ramifiant et présente une tête à peu près arrondie.

Si quelques branches du milieu continuent à s'élever verticalement, d'autres d'une longueur graduellement croissante, s'inclinent sous leur propre poids.

Par cette inclinaison qui gêne le mouvement de la sève, elles se restreignent dans leur développement et se disposent ainsi à se mettre à fruit.

Cette direction alternative des branches répond à un double but également utile : maintenir la vigueur et asseoir la fertilité.

Posons donc ce principe invariable qui nous servira pour la taille de nos arbres fruitiers :

La branche verticale est pour augmenter la force et la vigueur de l'arbre, la branche horizontale pour provoquer la fructification.

Comme le poirier est l'arbre auquel toutes les formes sont applicables, nous le prendrons pour type.

Haute tige. — Quand la tige de l'arbre a atteint son développement, on l'ampute à une hauteur de 1 mètre 50

13

à 2 mètres de manière à ce qu'il se forme au sommet de cette tige des branches latérales qui se bifurqueront et formeront le cône.

Tous les ans on tâchera de maintenir dans l'ensemble de l'arbre l'équilibre de la végétation et la régularité de la forme en affaiblissant certaines branches ou leur donnant de la vigueur par les procédés que nous avons déjà indiqués plus haut.

Il faut éclaircir les parties où l'air et le soleil ne peuvent pénétrer, supprimer les gourmands, enlever les branches grêles ou trop allongées ; faire tomber le plus tôt possible les fruits qui viennent mal.

Pyramide. — La pyramide arrivée à son entier développement doit avoir en largeur le tiers de sa hauteur, soit un diamètre de 2 mètres sur une hauteur de 6 mètres.

A partir de 30 centimètres au-dessus du sol, la tige verticale doit porter autour d'elle, sur toute sa hauteur, des branches de charpente également droites, non bifurquées et inclinées un peu au-dessous de la ligne oblique.

Ces branches de charpente doivent être garnies de productions fruitières sur toute leur longueur.

Il faut qu'elles soient distancées d'une manière convenable, de façon à laisser pénétrer partout dans l'intérieur de la pyramide l'air et la lumière, agents sans lesquels les productions fruitières s'étiolent, restent infécondes et périssent.

La tige ne doit porter que des branches de charpente et non des branches à fruit qui resteraient cachées dans l'intérieur de l'arbre et par conséquent improductives et dépensant de la sève sans profit.

Etablir et maintenir entre la tige et ses ramifications un équilibre qui empêche ces deux parties de s'affamer réciproquement, c'est-à-dire maintenir la tige et les branches de charpente ni trop longues ni trop courtes, c'est là une des principales difficultés inhérentes au mode de formation de la pyramide.

Après avoir planté le jeune arbre, on l'ampute à 50 centimètres du sol et on laisse pousser les bourgeons qui devront donner la tige et la première assise de branches.

Si, à la seconde taille, on s'aperçoit que cette assise est faible, on taille beaucoup plus court le rameau de prolongement de la tige afin de faire reporter l'action de la sève sur les ramifications de la base.

Tous les ans, on fait la même opération en raccourcissant plus ou moins la tige d'après le degré de vigueur des ramifications inférieures.

Ce raccourcissement du rameau de prolongement de la tige, donne une nouvelle série de branches latérales que l'on traite comme les précédentes.

A mesure que l'arbre grandit, on taille un peu plus court les ramifications inférieures que la taille des premières années fait arriver promptement à un degré de développement qu'elles doivent définitivement conserver.

Avant de commencer la taille, il faut toujours bien examiner si la flèche tend à s'emporter en affamant les ramifications inférieures ou à s'amaigrir et à se perdre en se laissant affamer par ces ramifications.

Dans les branches latérales, on pince l'extrémité des bourgeons de celles qui s'emportent tandis qu'en pratiquant sur la tige des entailles au-dessus de celles qui languissent, on y refoule la sève.

Une forme en pyramide bien parfaite est difficile à obtenir. L'arbre n'est en pleine fructification qu'après 10 à 12 ans.

Je vais vous parler d'autres formes plus faciles à exécuter et d'une fructification plus rapide.

Vase ou gobelet. — Le vase à basse tige commence à 25 ou 30 centimètres au-dessus du sol.

Le vase à demi-tige, à 1 mètre ou 1 mètre 20 centimètres.

Le vase à haute tige, à 2 mètres.

De l'extrémité du tronc, s'échappent en rayons également espacés des branches-mères qu'on dirige d'abord presque horizontalement.

A une certaine distance, on les relève verticalement en les attachant à des tuteurs.

Enfin on les bifurque pour garnir le pourtour du vase de branches de charpente également distantes les unes des autres.

Deux cerceaux attachés aux tuteurs et placés intérieurement l'un à la base, l'autre au sommet du vase, lui donnent un pourtour régulier.

Celui du bas doit être d'un diamètre moindre que celui du haut.

C'est à l'état herbacé que l'on peut donner aux premières branches la direction horizontale.

Pour conserver entre ces diverses branches un égal équilibre de végétation, ce qui est indispensable, il faut baisser d'abord les plus vigoureuses et n'incliner les autres que lorsqu'elles auront acquis la force des premières.

Cette forme s'pplique spécialement aux poiriers et aux pommiers.

Palmette. — Les formes en palmette sont assez faciles à imposer aux arbres et s'accommodent des surfaces de toute hauteur.

Les arbres soumis à cette forme se composent d'une tige verticale portant une série de branches sous-mères, placées à 30 centimètres les unes des autres et naissant deux à deux, bien vis-à-vis, de chaque côté de la tige.

Ces branches suivent d'abord une direction horizontale en s'éloignant de leur point de naissance, elles se redressent ensuite dans une position verticale au moyen d'une courbe, pour arriver toutes à la même hauteur.

Il faut remarquer que les branches sont d'autant plus longues qu'elles naissent plus près du sol ; leur position défavorable est ainsi compensée et l'équilibre de la végétation plus facile à établir dans l'ensemble de la charpente.

Quand la reprise de l'arbre a eu lieu, après une année de plantation, on le taille à 30 centimètres du sol, au-dessus de 3 boutons, un de chaque côté pour donner lieu aux deux premières branches sous-mères, le troisième au-dessus pour former le prolongement de la tige.

Si dans le courant de l'année, un des bourgeons latéraux devient plus vigoureux que l'autre, il faut incliner vers le sol le plus fort et relever le plus faible ; on les maintiendra dans cette position jusqu'à ce que l'équilibre soit rétabli.

L'année suivante, il faudra supprimer le tiers de la longueur totale des rameaux latéraux pour les faire se garnir de rameaux à fruit sur toute leur étendue.

Il faut toujours tailler court le plus fort.

Si les branches sous-mères ne sont pas vigoureuses, on se contentera de couper le prolongement de la tige à 15 centimètres au-dessus du point d'attache de ces branches.

Mais si elles sont vigoureuses, on peut former un second étage dès cette même année et alors on coupera de nouveau la tige à 30 centimètres au-dessus de trois boutons nouveaux, deux pour les branches latérales et le troisième pour la tige.

On pourra désormais faire développer un nouvel étage chaque année ; il ne s'agira que de maintenir l'équilibre entre les nouveaux bourgeons de prolongement de la charpente.

Quand les branches sont toutes arrivées à la ligne définitive de prolongement, on les taille toutes en laissant un bourgeon terminal nécessaire pour attirer la sève vers ce point et la forcer à nourrir en passant tous les rameaux à fruit.

La symétrie et la régularité de la charpente des arbres n'ont pas seulement pour but de leur donner un aspect plus agréable, elles importent surtout au maintien plus facile de l'équilibre de la végétation dans toutes les parties de la charpente et par conséquent à la fertilité et à la durée de l'arbre.

On forme des palmettes à branches obliques, d'autres à double tige, à candélabres, etc.

Toutes ces formes très gracieuses à l'œil lorsqu'elles sont bien réussies, offrent encore de grandes difficultés. Nous ne les conseillerons qu'aux vrais horticulteurs.

La difficulté qu'il y a pour ceux qui n'ont pas de connaissances sérieuses en arboriculture, de mener à bonne fin ces diverses formes et surtout pour maintenir l'équilibre entre les diverses parties de l'arbre, a fait imaginer des dispositions plus faciles à établir, qui puissent faire donner aux arbres leur produit maximum beaucoup plus tôt sans abréger leur durée.

On donne à ces dispositions les noms de : *cordon oblique, vertical* ou *horizontal.*

Cordon oblique. — Le cordon oblique se crée en plantant de jeunes arbres d'un an de greffe, sains et vigoureux et ne portant qu'une tige.

On les plante à 40 centimètres les uns des autres en les inclinant les uns sur les autres sur un angle de 60 degrés.

On ne retranche que le tiers environ de la longueur.

totale de ces jeunes tiges en coupant au-dessus d'un bouton placé en avant.

Tous les bourgeons qui viendront sur la tige, seront transformés en rameaux à fruit à l'aide d'opérations dont nous parlerons tout à l'heure,

L'année suivante, on retranche, à la taille, le tiers du nouveau prolongement.

Il n'y a plus qu'à compléter ces arbres en continuant de prolonger leur tige de la même manière jusqu'à la ligne de hauteur et de traiter les productions fruitières de la tige.

Il faut planter des arbres de même variété à la suite les uns des autres, sans faire de mélange, autrement les variétés vigoureuses nuiraient à celles qui sont plus faibles.

Vers la sixième année, la production est à son maximum.

L'inclinaison régulière des tiges rend facile la répartition de la sève.

Cordon vertical. — Le cordon vertical est créé absolument comme le cordon oblique avec cette différence que les arbres sont laissés dans la position verticale.

Cette forme s'emploie toutes les fois qu'il faut faire arriver les arbres à une hauteur exceptionnelle, ce qui serait rendu très difficile avec les cordons obliques dont chaque arbre couché aurait une longueur démesurée.

On peut, en plantant chaque arbre à une distance double, les bifurquer en deux branches.

On appelle cette disposition la forme en U.

Mais la difficulté de maintenir l'équilibre de la végétation entre les deux branches de chaque arbre, offre un inconvénient que ne compense pas l'économie de la moitié des arbres plantés.

XLIV

Obtention et Entretien des rameaux à fruit du Poirier

Nous n'avons jusqu'ici parlé que de la charpente des poiriers. Etudions maintenant les opérations propres à favoriser le développement des rameaux à fruit ou à les entretenir.

Les rameaux à fruit, des arbres à fruit à pépins, doivent être distribués sur toute la longueur de chacune des branches de la charpente.

Dans le poirier, les boutons à fleur apparaissent sur de petits rameaux peu vigoureux âgés de 2 à 4 ans.

Ces rameaux à fruit doivent être maintenus le plus court possible.

Pour obtenir des rameaux à fruit, il faut arrêter la vigueur des rameaux à bois.

En opérant un retranchement sur le prolongement d'une branche de charpente, on refoule la sève vers la base et, des boutons qui resteraient endormis, se développent et finissent par donner des rameaux à fruit, si le retranchement opéré n'a pas été trop énergique et n'a pas produit dans ces rameaux une vigueur telle qu'il en soit devenu des rameaux à bois.

Pincement. — Pour les bourgeons qui sont au sommet de la branche, ils sont principalement tous vigoureux.

Or ce sont seulement les rameaux faibles qui donnent des boutons à fruit ; il faut donc les arrêter et pour les maintenir les soumettre au *pincement*, c'est-à-dire couper avec l'ongle leur pointe quand ils ont atteint une longueur de 8 à 12 centimètres.

Mais il faut que ce pincement ne soit pas trop intense, c'est-à-dire n'avoir pas supprimé plus de 1 centimètre ou 1 cent. 1/2, sans quoi il pousse de petits bourgeons anticipés, ou bien le rameau ne pousse plus et le but est manqué.

Si après un premier pincement, il se produit encore des bourgeons vigoureux, lorsqu'ils auront atteint une longueur de 10 à 15 centimètres, on les pincera de nouveau et même une troisième fois, si c'est nécessaire.

Torsion. — Mais lorsqu'ils ont atteint une longueur de 20 à 30 centimètres, il n'est plus temps de faire cette opération, il faut remplacer le pincement par la torsion, c'est-à-dire qu'après avoir pincé le sommet, on les *tordra* à environ 12 centimètres de leur base en les repliant sur eux-mêmes.

Le développement de ces bourgeons sera arrêté et les yeux de la base grossiront sans se développer en bourgeons anticipés.

Malgré ces opérations, il restera encore des rameaux qu'on n'aura pas pu traiter à l'époque convenable. Les uns seront de vigueur moyenne, les autres très vigoureux. Pour ceux de vigueur moyenne, on les *casse* immédiatement au-dessus d'un bouton à 8 ou 10 centimètres de leur base.

Il faut qu'il reste au moins trois boutons bien formés au-dessous de la partie cassée.

Ce cassement complet fatigue le rameau en produisant une plaie contuse et déchirée.

Pour les rameaux plus vigoureux, ils ne devront recevoir

que le cassement partiel, c'est-à-dire qu'on casse à moité la branche en laissant le prolongement.

Ce cassement partiel laisse une issue suffisante à la sève tout en en employant assez pour que les boutons inférieurs ne puissent se trop développer et se mettent à fruit.

Quant aux bourgeons qui ont été soumis à la torsion, pendant l'année précédente, suivant qu'ils sont plus ou moins vigoureux, on les soumet au cassement partiel ou complet.

Pour tous les autres rameaux oubliés et déjà longs, on les cassera d'abord complètement à 20 centimètres de leur base et on les rompra de nouveau partiellement à 10 centimètres.

Après toutes ces opérations, nous trouvons sur la charpente de nos arbres : de petits rameaux extrêmement courts qu'on appelle *dards*.

Plus tard ces dards ont développé seulement une rosette de feuilles, portant un bouton au centre et se sont allongés de quelques millimètres.

Après la végétation, ils présentent un bouton très gros à leur sommet.

Ce bouton épanouira ses fleurs au printemps et sera la *lambourde*.

Quand la lambourde a fructifié, il s'est formé au point où étaient attachés les fruits, un renflement spongieux auquel on donne le nom de *bourse*.

Après la fructification on doit en retrancher le sommet qui est en décomposition.

Les boutons qui naissent sur la bourse doivent être pincés et se transforment en boutons à fleurs dans deux ou trois ans.

Il faut ajouter que lorsqu'il y a surabondance de fruits sur un poirier, non seulement la végétation s'arrête, puisqu'il y a insuffisance de sève pour tout nourrir, mais que l'arbre dépérit peu à peu et que les fruits qu'il produit, sont grêles et sans valeur.

Enfin quand sur les branches de charpente, il se trouve des bourgeons trop vigoureux pour recevoir les différents traitements dont nous avons parlé, dans le courant de juillet, on les coupe immédiatement au-dessus de l'empâtement qu'ils offrent à leur base.

Les boutons stipulaires ne tardent pas à s'y développer, ils s'allongent à peine d'un centimètre avant la cessation complète de la végétation et se transforment eux-mêmes les années suivantes en rameaux à fruit.

En laissant les bourgeons gourmands de l'extrémité agir comme tire-sève, les petits rameaux de la charpente qui se seraient développés en bourgeons vigoureux, sont transformés, grâce à cet emploi de la sève, en bourgeons à fleurs.

XLV

POMMIER

Les modes de végétation et de fructification du pommier sont les mêmes que ceux du poirier, seulement comme le pommier pousse en général moins vigoureusement que le poirier, les rameaux qui prolongent les branches de charpente ont besoin d'être taillés un peu plus court, pour obtenir le développement des bourgeons jusqu'à leur base.

Les palmettes, les cordons obliques et verticaux, suivant la hauteur des murs, le gobelet, l'espalier sont des formes qui conviennent aussi au pommier.

Toutefois il s'accommode principalement de la forme en cordons horizontaux.

Cordon horizontal. — Les pommiers en cordon horizontal peuvent être soumis à deux formes différentes :

Cordon bi-latéral et cordon uni-latéral.

Cordon bi-latéral. — Il faut choisir des arbres portant deux rameaux d'égale force à 40 centimètres au-dessus de la greffe.

Il faut planter ces arbres en ligne de façon que ces deux rameaux soient dirigés dans la ligne de plantation et qu'ils soient distants l'un de l'autre de 1 mètre 50 sur paradis et de 2 mètres sur doucin.

On forme avec ces deux rameaux deux bras opposés qu'on tend sur un fil de fer.

On les laissera se redresser librement pendant tout le

temps de la végétation jusqu'à ce qu'ils soient assez longs pour rejoindre le bras opposé.

Alors on les coupera, mais on laissera se développer tous les ans à leur extrémité un bourgeon destiné à maintenir la circulation de la sève.

Cordon uni-latéral. — Cette disposition diffère de la première en ce que chacun des arbres ne se compose que d'un seul bras et que ces bras dirigés .tous du même côté, se greffent les uns sur les autres.

On fait des cordons uni-latéraux de plusieurs rangs en plantant les arbres rapprochés et formant trois rangs à une distance de 50 centimètres.

Mais ces arbres, trop près les uns des autres, s'affament mutuellement.

Je vous conseillerai donc ce que j'ai essayé moi-même avec le plus grand succès sur un cordon de 150 mètres de longueur.

Mes arbres très vigoureux sont complètement couverts de rameaux à fruits et tous parfaitement homogènes.

Une fois mon premier cordon uni-latéral complètement formé et chaque arbre greffé sur le suivant, à 30 centimètres environ du coude, je fais se développer une branche que je couche, lorsqu'elle est assez forte, sur un fil de fer distant du premier de 50 centimètres et dans le sens contraire où sont couchées les branches du premier cordon.

Quand toutes les branches de ce second cordon seront soudées les unes sur les autres, à 30 centimètres du nouveau coude je ferai développer une nouvelle branche qui sera couchée sur un troisième fil de fer à 50 centimètres du second et dans le sens du premier cordon ; ce sera là mon troisième cordon. — Mon cordon qui a déjà 20 ans est d'une parfaite régularité et donne beaucoup de fruit.

XLVI

PÊCHER

—

Le pêcher exige un sol profond, perméable, de consistance moyenne et surtout contenant du calcaire.

Dans les terrains légers, il languit et donne des fruits petits.

Dans les terrains humides, il est vite atteint de la gomme.

Si la sécheresse lui est contraire, l'humidité produite par les arrosages le fait vite périr.

Le mieux donc est de planter sur des défoncements d'autant plus profonds que le sol est plus sec.

Suivant la nature du sol, il peut être greffé sur pêcher, sur amandier et même sur prunier.

Le pêcher franc est obtenu au moyen de noyaux de pêche, choisis parmi les variétés les plus vigoureuses.

Il convient aux terrains secs et peu profonds.

L'amandier est le sujet le plus vigoureux ; on le préfère pour tous les terrains assez profonds et exempts d'humidité surabondante.

Le prunier produit des arbres moins vigoureux que les deux premiers sujets, mais il est préférable pour les terres compactes à sous-sol humide.

Dans le Nord, le pêcher ne peut être cultivé qu'en espalier. Il demande à être placé aux expositions les plus sèches, de l'est au sud.

Dans le midi, le pêcher est cultivé en plein vent ; les

abris lui seraient plus funestes qu'utiles à cause de l'excès de chaleur à laquelle il serait exposé.

Haute tige. — Abandonné à lui-même, le pêcher s'emporte à bois, se dégarnit graduellement dans les parties inférieures et porte chaque année ses fruits plus loin du centre de la tige.

Il est indispensable au printemps de supprimer d'un coup d'ongle l'extrémité herbacée du bourgeon qui prolonge la branche à bois ; de nouveaux bourgeons naissent au-dessus du pincement, se partagent la sève et sont toujours moins vigoureux que le premier.

En répétant cette opération sur les nouveaux bourgeons, on convertit toutes les branches en branches à fruit.

De cette manière on évite que la branche à bois ne s'emporte et ne devienne un gourmand.

De sorte qu'un pareil traitement généralisé, peut réduire en branches à fruit toutes les extrémités des branches de charpente du pêcher en plein vent. Par ce moyen aussi, toute branche de charpente s'épanouit en gerbes de petites branches qui donnent une production abondante et soutenue.

En général, le pêcher obtenu de semis est plus vigoureux et plus rustique que le pêcher obtenu de greffe.

Certaines variétés se reproduisent exactement de noyau.

Pour les pêchers que l'on doit greffer, il faut choisir les variétés rustiques, fertiles, portant leurs yeux et leurs boutons à fleurs très rapprochées et naturellement disposées à conserver longtemps leurs branches garnies à la partie inférieure.

L'arbre doit être bas pour être moins tourmenté par les vents.

En plantant le pêcher, on taille la tige à un mètre du sol, à mesure que les branches poussent, on laisse se développer librement les branches horizontales et on pince les branches verticales, ce qui amène l'arbre à la production.

A la taille d'hiver on racourcit toutes les branches qui s'opposeraient à la formation régulière de l'arbre ; mais les grosses amputations doivent être faites en juin ; à cette époque elles n'offrent aucun danger et provoquent l'évolution de forts bourgeons qui ont le temps de s'aoûter avant l'hiver et qui garnissent bien l'emplacement.

On peut donner aux pêchers les différentes formes de palmette que nous avons décrites pour le poirier et le pommier.

Il en est de même du cordon vertical et du cordon oblique.

Rameaux à fruit du pêcher. — Il existe une bien grande différence entre les rameaux à fruit des arbres à fruit à pépins et des arbres à fruit à noyau.

Dans les premiers, la lambourde ne peut être formée que dans l'espace d'environ trois ans ; mais dès qu'elle est constituée, elle peut vivre et fructifier indéfiniment.

Dans les arbres à fruit à noyau au contraire, et notamment dans le pêcher, les rameaux à fruit épanouissent leur fleurs dès le printemps qui suit leur naissance, mais ils n'en produisent pas de nouvelles.

Ce n'est donc que sur les rameaux qui se sont développés pendant l'été précédent que sont situées les productions fruitières.

La conséquence en est qu'il faut, *chaque année,* faire naître des rameaux nouveaux.

Pour obtenir des rameaux à fruit sur toute la branche de charpente, on supprime, à la taille d'hiver, une partie du prolongement de cette branche.

On fait développer tous les bourgeons qui s'y trouvent ; sans cela un certain nombre de boutons de la base resteraient endormis et il en résulterait des vides très difficiles à combler.

Vers le milieu de mai on supprime tous les bourgeons inutiles qu'il faudrait tout de même retrancher plus tard et qui pendant ce temps absorberaient inutilement la sève.

Les bourgeons conservés ne doivent pas être abandonnés à eux-mêmes, car beaucoup deviendraient trop vigoureux au détriment du bourgeon terminal et n'auraient pas de fleurs l'année suivante.

Il faut les pincer dès qu'ils ont une longueur de 20 à 30 centimètres.

Pour ceux qui menacent de devenir des gourmands on les pince à 15 centimètres pour provoquer la naissance de branches plus grêles.

Si les boutons pincés croissaient de nouveau démesurément, on pincerait encore les nouveaux bourgeons à 20 centimètres.

A partir du moment où tous les rameaux sont développés sur la branche de charpente, il faut, tous les ans, les tailler de manière à avoir du fruit mais en même temps à provoquer le développement de nouveaux bourgeons pour avoir l'année suivante des branches qui donnent des fleurs.

Il faudra provoquer par la taille le développement des rameaux à bois qui se trouvent à la base et supprimer la branche qui aura fructifié.

Chaque année on procédera de la même manière.

Vous voyez qu'il y a une grande analogie entre la taille du pêcher et celle de la vigne.

Pour les rameaux gourmands, s'ils étaient taillés au-dessus des deux boutons à bois les plus rapprochés de leur base, ils produiraient de nouveaux bourgeons aussi vigoureux et qu'on ne pourrait arrêter.

Il faut alors pratiquer à 3 centimètres de la base et, sur

14

une étendue de 10 centimètres, une torsion très prononcée, puis couper à environ 10 centimètres au-dessus de cette torsion.

Enfin, dans les tailles suivantes, on laissera absolument, comme pour la vigne, un courson portant deux branches.

Ce sera le rameau à fruit auquel on laissera un certain nombre de fleurs et le rameau à bois qui devra être le plus rapproché de la base et qui portera deux boutons pour fournir les rameaux de remplacement de l'année suivante.

Comme pour la vigne, il arrive souvent que les branches coursonnes âgées de 3 ou 4 ans, développent vers leur base un ou plusieurs boutons à bois.

Vous comprendrez que c'est une bonne fortune de pouvoir remplacer les vieux coursons ; on en profite donc comme pour la vigne et on laisse l'année suivante, la branche à fruit sur une de ces nouvelles productions.

XLVII

LE PRUNIER

Les terrains les plus favorables à la culture du prunier sont les sols argilo-calcaires un peu frais, à l'exposition du sud-est ou du sud-ouest ; il craint les gelées tardives.

Il est greffé sur prunier ; les rejetons provenant de racines que l'on fait servir de sujets, ne deviennent pas vigoureux, mais se mettent plus tôt à fruit.

Le prunier est ordinairement cultivé en plein vent ; en espalier les fruits sont plus beaux et plus précoces.

La taille du poirier convient au prunier, seulement, les entailles faites sur les branches de charpente, devront être pratiquées avec la serpette et non avec la scie pour ne pas provoquer la gomme.

La première année, le rameau qui se développe ne présente sur toute son étendue que des boutons à bois.

Ce rameau sera taillé en partie pour faire développer tous ces boutons qui, lorsqu'ils auront acquis une longueur de 12 centimètres, seront pincés et se transformeront en rameaux à fruit.

Comme les rameaux portent vers leur sommet des productions beaucoup plus allongées, on doit les raccourcir au moyen de la coupe, du cassement complet et du cassement partiel, suivant le degré de vigueur.

Il se formera ainsi à la base de nouveaux rameaux de remplacement.

XLVIII

LE CERISIER

Le cerisier s'accommode des climats des diverses contrées de la France.

Quant à la nature du sol, il redoute plus l'humidité que la sécheresse et préfère les terrains légers silico-calcaires.

Le cerisier peut être greffé sur trois sortes de sujets : le mérisier le plus vigoureux pour fournir les arbres à haute tige ; le prunier de Ste-Lucie ou mahaleb, moins vigoureux mais plus rustique, préférable pour les arbres soumis à la taille ; le cerisier franc, moins vigoureux que les deux autres.

Le mode de formation de la charpente du cerisier, pour les diverses formes qu'on veut lui imposer, ne diffère en rien de celui imposé employé pour les espèces précédentes.

Quant au mode de formation et de la taille des rameaux à fruit, il est le même que celui du prunier.

XLIX

ABRICOTIER

L'abricotier est un peu moins exigeant que le pêcher sous le rapport du climat ; seulement comme sa floraison est des plus précoces, sa fructification est souvent détruite par les froids tardifs et les intempéries du printemps.

Quant au sol il doit être le même que pour le pêcher.

L'abricotier est greffé : sur prunier, sur amandier, sur abricotier franc.

Le prunier est le sujet le plus habituellement employé.

L'amandier est moins usité parce que la greffe se détache facilement du sujet, mais les arbres résistent mieux à la sécheresse.

L'abricotier franc est un bon sujet.

L'abricotier cultivé dans le jardin fruitier, doit être placé en plein air ; dans le cas où on voudrait le mettre en espalier, on le soumettrait à l'une des formes décrites pour le poirier.

Les rameaux à fruit sont, comme dans toutes les autres espèces, le résultat du développement, sur les prolongements successifs des branches de charpente, de bourgeons peu vigoureux qu'on a arrêtés au moyen du pincement.

S'ils étaient laissés intacts, il arriverait que la branche dénudée ne donnerait des fruits que sur le prolongement nouveau de l'année précédente.

Comme pour le poirier, on peut employer le cassement partiel ou complet.

La forme la plus convenable pour l'abricotier, est celle du vase.

La taille la plus simple est, après avoir supprimé les rameaux gourmands qui naissent dans l'intérieur de l'arbre, de retrancher, chaque hiver, la moitié environ des rameaux destinés à la fructification.

—➤➤❂❰❰◄◄—

L

AMANDIER

Il convient de réserver à l'amandier, des sols découverts, exposés aux vents.

Les endroits les plus froids semblent lui convenir particulièrement parce que, dans cette situation, sa floraison est retardée et il a moins à redouter l'action désastreuse des gelées printanières.

Le mode de végétation de l'amandier ne diffère pas de celui du pêcher.

Si donc on l'abandonne à lui-même, les ramifications principales s'allongent outre mesure et se dégarnissent presque entièrement de rameaux à fruit.

Il est donc nécessaire de lui appliquer une taille annuelle qui consistera à supprimer tous les rameaux gourmands inutiles, à raccourcir le prolongement des branches principales et à enlever le bois sec.

LI

LE JARDIN POTAGER

Quand je vous ai parlé du jardin fruitier, je vous ai dit qu'on devait y trouver non seulement des fruits, mais encore tous les légumes nécessaires à la consommation du personnel de la maison.

Je crois vous avoir fait comprendre que si le sol du jardin devait rester frais même en été, il était de la plus grande importance que l'humidité n'y séjournât pas, que, par conséquent, il fut bien drainé.

Pour ne pas gêner les plantations, les drains devront être toujours placés au milieu des allées.

Ces allées sont toutes bordées de plates-bandes complantées d'arbres fruitiers ; mais dans le milieu il reste des espaces assez larges qui doivent être réservés pour les cultures potagères.

Partout où est construite une maison, vous êtes sûr de trouver à côté un jardin potager ; c'est parce que les légumes sont de toute nécessité et que lorsqu'on est trop loin du marché pour s'en procurer, il faut à tout prix en avoir chez soi.

C'est une grande économie et d'ailleurs on a l'agrément de consommer tout frais et avec la certitude que la culture n'a pas été forcée au moyen d'engrais à odeur repoussante.

Ainsi donc la culture potagère qui se fait partout, est possible partout ; un sol médiocre deviendra bon avec du travail et des engrais, seulement il doit être toujours propre, sans herbes qui viennent absorber le fumier ou y laisser leurs graines et la succession des cultures doit y suivre une règle spéciale.

Essayons d'abord d'utiliser l'espace qui se trouve entre nos arbres fruitiers dans les plates-bandes :

Sur la partie la plus voisine de l'allée, nous planterons de l'oseille et des fraisiers.

Sur la partie la plus éloignée, c'est-à-dire celle qui se trouve du côté des plantes potagères, nous mettrons du persil, du cerfeuil, de la ciboulette, des échalottes.

Sur le milieu de la plate-bande, des arbres nains, des groseillers.

Ces plates-bandes, comme vous le voyez, serviront d'encadrement aux carreaux destinés aux légumes.

Si nous laissions ces carreaux entiers, le travail en serait difficile et soit pour les sarclages, les arrosages et la récolte des légumes, il faudrait tout piétiner.

Pour éviter ces inconvénients, nous diviserons ces carrés en planches de 1 mètre 30, qui seront séparées entr'elles par de petits sentiers de 0 m. 30.

Avec une pareille largeur les sentiers ne seront pas trop multipliés et on pourra arriver de chaque côté au milieu de la plate-bande pour éclaircir les semis et les sarcler.

Il me paraît inutile de vous rappeler que, plus que tout autre, le terrain du potager portant des récoltes successives et enlevant, par conséquent, continuellement au sol, ses éléments de fertilité, doit non seulement être travaillé aussitôt qu'une récolte est enlevée, mais que ce travail doit être fait avec le plus grand soin afin que la terre parfaitement divisée puisse permettre à l'air d'agir sur toutes ses particules.

Plus tard, quand les plantes sont assez fortes, il est encore indispensable de procéder à un binage qui donne de l'air aux racines en brisant la couche superficielle durcie.

Mais plus les récoltes deviennent fréquentes, plus elles auront pris au sol d'éléments essentiels, plus il sera nécessaire de les leur restituer par les engrais.

Il serait superflu de vous parler de nouveau des engrais et des soins à donner aux fumiers.

Je crois avoir plus haut tout dit à ce sujet.

Enfin il arrive qu'on n'a pas toujours le choix des engrais et alors il faut utiliser ceux que l'on a.

Néanmoins je dois vous faire remarquer que les uns et les autres ont une odeur et une saveur propres, qu'ils communiquent plus ou moins aux produits de la terre.

Le fumier de vache porte avec lui et transmet une odeur musquée ; la vase des étangs communique son odeur et sa saveur aux fruits des arbres ; les matières fécales donnent de l'amertume aux légumes ; les cendres rendent les haricots secs savonneux ; les engrais puants dénaturent toujours les qualités naturelles et délicates de nos plantes.

Le fumier d'écurie, c'est-à-dire celui du cheval, de l'âne ou du mulet, peut remplacer tous les autres dans un jardin.

Le fumier d'étable, c'est-à-dire celui des bêtes à cornes est regardé comme froid et ne suffit pas pour certaines cultures. Mais il est préférable au fumier d'écurie dans les terrains manquant de consistance et susceptibles de s'échauffer beaucoup sous les rayons du soleil.

Le fumier de mouton a une action puissante sur nos légumes de la famille des crucifères, choux, navets, radis, etc.

Quand vous n'aurez pas de fumier, creusez une fosse et produisez des composts ; c'est l'engrais le meilleur et le plus économique.

La succession des cultures doit être établie de manière à ce que les carreaux en production soient toujours en rapport avec les besoins journaliers pour la consommation ou la vente des légumes.

Il est essentiel de faire succéder aux plantes à racines pivotantes, celles à racines traçantes afin que successivement et par le temps, les couches inférieures puissent s'imprégner des éléments fournis par les fumures et les engrais liquides.

Il ne faut jamais oublier que les graines ne doivent être enterrées qu'à proportion de leur volume et que si certaines demandent à être placées à une bonne profondeur afin que l'humidité accélère leur germination, d'autres veulent à peine être recouvertes.

LII

LÉGUMES

—

On donne le nom de légumes à toutes les plantes herbacées cultivées au point de vue économique, même à celles dont les fruits sont comestibles à cru comme les fraises et les melons.

Choux. — Le choux est le légume par excellence. L'abondance de ses produits, leur salubrité et la facilité de sa culture, lui laisseront toujours le premier rang dans le jardin potager.

Il aime les terres fertiles et bien fumées.

Parmi les variétés de choux les plus recherchées, on distingue :

1º *Les choux cabus ou pommés à feuilles lisses ;* 2º *les choux de Milan plus ou moins pommés à feuilles boursouflées ;* 3º *les choux verts ou sans tête ;* 4º *les choux à racine ou tige charnue, choux navets ou choux raves ;* 5º *les choux fleurs et les brocolis.*

Cette dernière variété diffère des autres en ce que ce sont les fleurs ou plutôt l'inflorescence tout entière qui est la partie véritablement utile.

A l'exception des terres très humides, où l'eau reste stagnante et des sols de sable siliceux pur, le chou peut réussir partout moyennant les engrais ; la terre doit être toujours parfaitement ameublie.

Les engrais d'étable et, avec un sol froid le fumier de cheval, sont les meilleurs.

Les semis de choux se font à deux époques principales de l'année, au printemps et à l'automne.

On met d'abord les petits plants en pépinière et quand ils sont assez forts on les plante définitivement en place.

SALADES

On comprend sous ce titre les légumes qui se mangent crus assaisonnés en salade.

Laitues. — Il y a de nombreuses variétés qui peuvent être rapportées en deux types : *les laitues pommées et les laitues romaines.*

Les laitues de printemps ou d'été se sèment à bonne exposition sur terreau en mars et se replantent en avril ; celles d'hiver, du 15 août au 15 septembre, pour être replantées à la fin d'octobre en plates-bandes abritées au pied des murs.

Les laitues romaines se cultivent comme les laitues pommées.

Chicorée-Scarole. — On réunit sous le nom de chicorée trois variétés principales fort distinctes : la chicorée sauvage, la chicorée cultivée et la scarole.

La chicorée sauvage très amère devient blanche en la plantant en cave dans du sable humide ; elle s'y étiole, s'allonge, perd une partie de son amertume et est livrée à la consommation sous le nom de barbe de capucin.

Cette salade est précieuse en hiver.

La chicorée cultivée est bien supérieure ; elle se distingue par ses feuilles luisantes, découpées et frisées.

La scarole diffère de cette dernière par ses feuilles droites, entières, à peine découpées.

Les procédés de culture sont les mêmes pour les deux variétés.

Les semis sur couche ou en chassis commencent en janvier; on met en pleine terre au mois d'avril et enfin, aussitôt que les plants sont assez forts, on les met en place à 0 m. 33, en tous sens. Quand ils sont bien garnis de feuilles, on les lie chacun avec un brin de paille ou un jonc pour les faire blanchir, ce qui demande une quinzaine de jours.

Céleri. — On le sème a différentes époques depuis janvier jusqu'en juin, sous cloche ou chassis pendant les froids et en pleine terre à partir du mois d'avril.

Le sol destiné à recevoir une plantation de céleri doit être profond, fertile, plutôt humide que sec et bien ameubli.

Il faut s'arranger de manière à avoir une certaine quantité de terre disponible pour butter les plants et les faire blanchir.

Le céleri demande beaucoup d'eau et très fréquemment.

Les buttages doivent commencer lorsque les feuilles ont de 0 m. 30 à 0 m. 40 de longueur ; leur effet est non seulement de blanchir ces feuilles mais de les forcer à s'allonger.

Artichaut. — Les variétés les plus remarquables sont :

1° *Le gros vert ou de Laon très estimé à Paris ;*
2° *le gros camus de Bretagne cultivé dans les provinces de l'Ouest.*

Il se distingue du premier par sa tête large, plus aplatie et d'un vert plus pâle ; il est aussi plus précoce.

3° *L'artichaut violet* d'un volume médiocre mais hâtif est excellent surtout mangé cru à la poivrade.

4° *Le rouge*, variété analogue à la précédente, mais un peu délicate et sujette à dégénérer.

Tous les artichauts demandent une terre profonde, fraîche

et fertile ; il leur faut beaucoup d'engrais et de copieux arrosements.

On les multiplie ordinairement par œilletons détachés du pied de la plante à laquelle on laisse toujours les trois pousses les plus fortes et en éclatant le reste le plus près possible de la racine pour leur conserver un talon.

Le sol destiné aux artichauts doit être travaillé profondément et abondamment fumé parce que ces plantes épuisent promptement la terre.

On les plante ordinairement à 0 m. 80 en tous sens.

Persil. — C'est de toutes les plantes potagères celle qui est la plus employée comme assaisonnement.

On le sème en bordure le long des plates-bandes, surtout celles où les arrosages peuvent lui profiter.

Les graines mettent un mois à lever et ne conservent pas plus de deux ans. On le sème depuis février jusqu'en août au pied d'un mur tourné au midi ; pour le conserver en hiver, on le couvre de paillassons dans les temps de neige et de gelée.

Oseille. — C'est la plus rustique des plantes potagères de nos jardins ; on la plante toujours en bordure le long des allées. Elle vient dans toutes les terres mais préfère un sol léger, profond, ni trop sec ni trop humide.

On la multiplie soit de semis, soit par éclats de pieds.

Epinards. — Ce sont d'excellents légumes surtout pendant les chaleurs d'été où il importe le plus à la santé que le régime se compose d'aliments rafraîchissants.

Pour en avoir en tout temps, il faut semer tous les mois depuis mars jusqu'à la fin d'octobre en rayons espacés de 0 m. 16 dans une terre ameublie, fumée et arrosée ou au moins humide.

Oignons. — Les oignons sont un des produits les plus

importants du jardin potager. On distingue trois variétés :

L'oignon blanc, le rouge et le jaune. Ce dernier, plus facile à conserver que les autres, est généralement préféré.

Le semis est le seul moyen de multiplication usité dans les jardins ; on le sème en pépinière et on le plante ensuite à 0 m. 20 dans tous les sens.

Le sol doit être bien travaillé et débarrassé des pierres et des racines qui peuvent s'y rencontrer.

Aussitôt que la graine a été répandue sur les planches, on la foule à l'aide des pieds ou d'un rouleau pour qu'elle se trouve toute en contact avec la terre et lève régulièrement.

On les conserve, l'hiver, en les attachant en grappes suspendues dans un appartement sec et aéré.

On plante au printemps quelques oignons de l'année précédente pour servir de porte-graines.

Ail. — Dans le midi surtout l'ail est assez fréquemment employé ; il se plante d'octobre en décembre.

Il aime une terre douce, fraîche et riche qui a été fumée pour la récolte précédente.

Après l'avoir couvert de terre, on met dessus une légère couche de fumier qu'on laisse jusqu'au mois de mars époque à laquelle on le travaille ; vers la fin d'avril on lui donne une seconde façon, et lorsqu'il est arrivé à parfaite maturité, après l'avoir exposé pendant quelques jours à l'action du soleil pour lui enlever son humidité, on l'attache en petits paquets que l'on porte au grenier.

Carotte. — La carotte des jardins est au premier rang pour les qualités parmi les légumes racines.

Ses variétés sont très nombreuses ; les unes très volumineuses sont généralement cultivées pour la nourriture des bestiaux.

Quelles que soient les qualités des diverses variétés de carottes, la nature du terrain exerce sur elles une grande influence.

Dans un sol sec, pauvre et mal cultivé, toutes les carottes dégénèrent ; une terre franche, douce ou un sol sableux mais gras et profond sont de tous les terrains ceux qui leur conviennent le mieux.

Elles ne veulent pas d'engrais nouveau, la fumure doit avoir été donnée sinon un an du moins cinq ou six mois à l'avance.

Le terrain doit être très ameubli et surtout profondément pour les carottes longues.

Les semis se font en lignes espacées de 0 m. 15 à 0 m. 20.

Ils demandent à être éclaircis, sarclés et arrosés toutes les fois que c'est nécessaire ; sans cela point de réussite.

On peut semer les carottes au printemps et à l'automne.

Navets. — Comme pour les carottes, les semis ont produit de nombreuses variétés de navets.

Leur culture est très simple et très facile.

Ils viennent dans presque tous les terrains à l'exception des terres fortes et ne demandent pas de minutieux sarclages.

On ne les sème pas au printemps parce qu'ils monteraient dans le courant de l'été et ne formeraient pas leurs racines.

Les semis se font de la fin de juin en septembre.

La graine de deux ans donne des produits plus sûrs.

Radis. — Les variétés sont très nombreuses.

Un sol ferme et un peu frais est celui qui leur convient le mieux ; lorsqu'on sème en terre légère, on doit toujours piétiner le sol avant d'y répandre la graine qui doit être peu recouverte, on sème des radis tous les huit jours pour en manger sans interruption.

Salsifis-Scorsonère. — Ces deux plantes diffèrent peu l'une de l'autre ; leur culture et leurs usages sont les mêmes ; leurs racines sont tendres et continuent à grossir après une première floraison. Elles n'atteignent leur développement complet qu'après que les plantes ont porté graines deux fois de suite.

On les sème en février, mars ou avril en terre substantielle et labourée profondément, bien ameublie et fumée depuis un certain temps.

Les semis se font en lignes pour faciliter les sarclages et les binages ; quelques arrosements peuvent devenir nécessaires.

Pomme de terre. — Si la pomme de terre est essentiellement du domaine de la grande culture, il est quelques variétés qui appartiennent presque au jardinage et que l'on cultive le plus souvent comme primeurs.

Le sol devra être très profondément travaillé et fumé depuis longtemps.

La plantation ne doit jamais se faire qu'après les gelées.

Betterave. — Cette plante qui joue un rôle si important dans la grande culture, a aussi quelques emplois dans l'alimentation directe de l'homme et rentre par conséquent dans le jardinage.

On la sème du 15 avril à la fin de mai.

Le sol doit être bien défoncé et bien fumé.

Tomate. — On sème la graine de tomate sur couche au mois de février ; en mars on repique le plant pour qu'il grossisse et ne s'allonge pas trop ; mais, pour obtenir ce résultat, on doit laisser entre les plants une distance convenable.

Les arrosements ne doivent pas être trop fréquents.

On plante la tomate dans une terre franche et très riche d'engrais, quand le plant a atteint de 0 m. 20 à 0 m. 25, mais il faut que les gelées ne soient plus à craindre.

La distance doit être de 0 m. 70 dans le rang et de 1 mètre entre les rangs.

Au moment où la tomate commence à mûrir, elle veut être arrosée copieusement et souvent, surtout avec des engrais liquides.

Aubergine. — Ce que nous venons de dire pour le semis et le repiquage de la tomate, s'applique aussi à l'aubergine.

Elle doit être plantée à demeure vers le 15 mai après les gelées à 0 m. 60 en tous sens.

Il faut que la terre soit bien travaillée.

Elle demande des arrosements fréquents et abondants.

Quand la terre n'a pas reçu une grande fumure, les engrais liquides produisent le meilleur effet.

LIII

ASPERGES

Deux méthodes sont en usage pour la formation de planches d'asperges : les semis et la plantation des griffes.

Les semis se font de deux manières : 1° en place, ce qui serait avantageux sous bien des rapports s'il ne fallait pas attendre trop longtemps avant de voir le terrain donner quelques produits et en outre avoir le désagrément ou, en semant une seule graine, de trouver ensuite bien des places vides où, en en mettant plusieurs, d'être obligé de les éclaircir avec de grandes précautions ; 2° en pépinière, où on laisse le jeune plant se fortifier pendant deux ans, quoique, en le mettant en place après la première année, la reprise se fasse plus facilement.

Les semis en pépinière se font à la fin de mars sur une planche de terre légère très saine et bien préparée.

Au lieu de semer à la volée, ce qui rend les sarclages difficiles, on met la graine en rayons espacés de 0 m. 20 à 0 m. 25 et on recouvre avec une épaisseur de terre de 0 m. 05.

Si la sécheresse arrive, il faut arroser.

Les sarclages sont de toute nécessité pour empêcher l'herbe d'étouffer les jeunes plants.

L'opération la plus importante est la plantation à demeure; la première condition est que le terrain soit très sain et pour si peu que l'on craigne un excès d'humidité, il faut le drainer avec le plus grand soin, sans quoi les racines pourriraient dans très peu de temps.

Les terres fortes doivent être parfaitement ameublies et et mélangées avec une bonne proportion de terreau.

Dans le fond des fosses qui doivent avoir de 0 m. 60 à 0 m. 70, on met une bonne couche de fumier d'écurie que l'on comprime fortement ; on met au-dessus la terre de choix que l'on a pu se procurer.

L'excédant de la terre enlevée des fosses reste en ados des deux côtés de la planche et sert à recharger le plant les années suivantes à mesure que les racines se rapprochent de la surface du sol.

Dans les lieux où la terre est de très bonne qualité, on se contente de creuser une fosse de 0 m. 20 et d'y planter l'asperge à plat.

Enfin dans les terres humides, souvent on élève les planches au-dessus du sol en creusant entre chacune d'elles des sentiers profonds qui soutirent l'humidité en excès.

Ordinairement on forme des planches de 1 mètre 60 de largeur afin de pouvoir toujours atteindre le milieu sans y poser les pieds surtout au moment de la récolte des produits qu'on peut écraser facilement.

Dans tous les cas, si on ne veut pas s'assujettir à cette disposition essentiellement rationnelle, le plant d'asperges doit toujours être mis en lignes à 0 m. 45 ou 0 m. 50 de distance.

La plantation se fait de mars à la mi-avril ; il faut les enlever de la pépinière avec précaution et laisser leurs racines à l'air le moins de temps possible.

A la place que doit occuper chaque plant, on fait un petit monticule de terre sur lequel on pose la griffe en arrangeant avec soin les racines le long de ses flancs et on recouvre le tout de 0 m. 06 à 0 m. 08 de terre.

Après avoir continuellement sarclé et biné pour détruire les mauvaises herbes, c'est à la troisième année seulement qu'on peut commencer de cueillir quelques produits mais ce ne sera qu'à la quatrième année que la production sera complète.

Il s'agit, à partir de ce moment, de continuer avec soin les sarclages et les binages et de recharger une fois par an les griffes de quelques centimètres de terre.

Une fumure enfouie à l'automne entretient l'abondance et la beauté des produits.

Si au lieu de planter les asperges en place on préférait faire un semis à demeure, la préparation du sol devrait être toujours la même, mais au lieu de petites buttes, on creuserait de petites fossettes dans lesquelles on déposerait à 0 m. 03 l'une de l'autre trois ou quatre graines que l'on recouvrirait de 0 m. 05 de terreau.

LIV

PLANTES A FRUIT A GRAINES

Pois. — Il existe de nombreuses variétés de pois ; on les divise en deux groupes suivant que la cosse est doublée intérieurement d'une membrane coriace ou qu'elle en est dépourvue. De là les noms de *pois à écosser,* c'est-à-dire dont on ne mange que le grain et *pois mange-tout* ou pois sans parchemin, dont la cosse verte et tendre dans toutes ses parties, peut être consommée.

Les pois de toutes variétés ne sont pas difficiles sur la qualité du terrain ; ils préfèrent cependant un sol sain et léger, mais ce qui leur convient le mieux c'est une terre qui n'a pas produit depuis quelques années.

On sème en touffes ou en rayons suivant les localités plus sèches ou plus humides à 0 m. 30 ou 0 m. 35 de distance.

Les pois ne veulent point d'engrais parce qu'ils donneraient beaucoup de tiges et de feuilles et produiraient peu de fruits ; mais les cendres de bois et surtout les superphosphates favorisent leur production d'une manière remarquable.

On sème ordinairement en octobre, mars et avril.

Tous ceux qui viennent assez élevés doivent être ramés pour ne pas ramper sur le sol où ils pourriraient.

Haricots. — Les nombreuses variétés de haricots ne sont pas également avantageuses à cultiver et leur qualité dépend souvent de celle du terrain.

On divise les variétés de haricots en deux groupes fondamentaux suivant leur manière de végéter : les uns poussent des tiges volubiles plus ou moins longues que l'on est obligé de soutenir avec des rames ; les autres restent bas et se soutiennent d'eux-mêmes.

La culture des haricots est facile ; les terres douces, légères et fraîches sont celles qui conviennent le mieux à ce légume.

Il vient dans les terres fortes à condition qu'elles seront suffisamment ameublies.

A l'inverse des pois, les haricots aiment les engrais ; ils préfèrent le fumier d'écurie au fumier d'étable ; les cendres leur conviennent également.

Il ne faut commencer les semis en pleine terre que lorsque les gelées du printemps sont passées vers la première quinzaine de mai.

On doit éviter de travailler dans les planches de haricots lorsque les feuilles ont été mouillées parce qu'elles seraient exposées à la rouille ce qui nuirait beaucoup aux plantes.

Fèves. — Les fèves dont les meilleures variétés sont : *la fève de marais et surtout la fève de Portugal* qui est la plus précoce et la meilleure, veulent beaucoup d'espace pour fructifier abondamment.

On les sème avant l'hiver ou au printemps.

On doit les biner deux fois pendant le cours de leur végétation.

Quand les fleurs commencent à se faner, on pince le bout des branches et de la tige pour arrêter la sève et la porter sur le fruit.

Les tiges vertes sont un bon fourrage pour les vaches.

Courges et Potirons. — Cette culture réussit toujours

pourvu que l'on ait du fumier, de la chaleur et de l'eau à discrétion.

On sème dans des fosses de 0 m. 50 de diamètre sur 0 m. 40 de profondeur, dont le fond est rempli de 0 m. 30 de fumier comprimé qu'on recouvre de 0 m. 06 de terreau.

Chaque fosse reçoit trois graines, mais on ne doit laisser que le pied le plus vigoureux.

Il faut arroser copieusement pendant toute la durée de la végétation.

Melons. — Je ne puis vous donner que quelques détails sommaires sur la culture du melon.

Pour avoir des melons précoces et qui mûrissent bien, il faut que leur culture soit d'abord artificielle en ce sens que les couches chaudes, les cloches et souvent les chassis sont nécessaires pour obtenir la germination des graines et protéger les jeunes plants contre les froids du printemps.

Dans le midi, les melons se plantent dans les carrés du jardin avec une faible dose de fumier et de terreau autour du pied.

On ne doit pas mettre plus de trois pieds de melon par cloche ; deux et souvent un suffiraient si la variété est vigoureuse. Pour ne pas s'exposer à déranger les pieds qui doivent demeurer, il ne faut pas arracher ceux qui sont de trop mais les couper avec des ciseaux.

La taille des melons est une opération importante.

Les melons, que l'on abandonne à eux-mêmes, se ramifient peu, la tige principale s'allonge considérablement avant de montrer des fruits et d'en nouer quelques-uns.

Par la taille au contraire, la sève se porte sur les yeux qui se trouvent à l'aisselle de chaque feuille, les développe en branches latérales et la fructification devient ainsi plus rapide et plus abondante.

Pour étêter le melon, on attend qu'il ait poussé sa quatrième feuille ; on pince la tige avec l'ongle au-dessus de la deuxième feuille.

La place est recouverte d'un peu de terre pulvérisée.

Bientôt ses yeux se développent et poussent de nouvelles branches qui à leur tour seront étêtées de la même manière et produiront des rameaux qu'on ne touchera plus.

Arrivés à ce point, les melons ne tardent pas à montrer leurs premières fleurs qui les unes (les fleurs mâles) sont stériles, mais qui sont indispensables pour féconder les fleurs femelles, après quoi le fruit est noué et regardé comme tel lorsqu'il a atteint la grosseur d'un œuf de poule.

Il est bon de mettre sous chaque melon une planchette ou une tuile pour les isoler de l'humidité qui pourrait les faire pourrir.

Les arrosages ne sont pas les mêmes suivant les variétés, mais on doit toujours en user avec modération sans jamais attendre que la sécheresse fasse flétrir les feuilles.

Les arrosages se donnent le soir si la journée a été chaude; dans le cas contraire on les donne le matin et toujours, autant que possible, avec de l'eau qui soit à la température de l'air.

Des bassinages avec la pomme de l'arrosoir tous les deux ou trois jours pendant les chaleurs, le matin et le soir, produisant l'effet d'une rosée, leur sont très avantageux ; les feuilles absorberont directement une partie de cette eau, la poussière disparaîtra et rendra plus libre le fonctionnement des organes.

Les signes qui annoncent qu'un melon est bon à cueillir varient suivant les variétés.

L'odeur agréable qu'ils répandent, la queue qui se détache lorsque le fruit est mûr, sont des indices à peu près certains, mais ces signes ne sont pas les mêmes pour toutes les espèces de melons et c'est une étude spéciale à faire.

Fraisier. — On cultive dans les jardins de nombreuses variétés de fraisiers, mais nous ne nous occuperons que : 1° *du fraisier commun ;* 2° *du fraisier des quatre saisons ;* 3° *du fraisier ananas.*

Le fraisier commun ou fraisier des bois produit des fruits délicieux quand ils sont bien venus au soleil.

Le fraisier des quatre saisons, ou de tous les mois, est très précieux parce que non seulement il produit depuis avril jusqu'aux gelées en pleine terre, mais qu'il donne aussi des fruits en hiver sous chassis ou en serre chaude.

Les fraisiers ananas donnent des fruits de luxe ; leur grosseur et leur parfum leur font assigner le premier rang dans les jardins ; mais ils ne produisent, malheureusement, qu'une fois l'année.

Les fraisiers demandent une terre riche et substantielle plutôt légère que compacte avec une quantité modérée d'engrais et de copieux arrosements.

Tous les trois ans on doit renouveller la terre dans laquelle ils végètent, c'est-à-dire les changer de place.

Les fraisiers se multiplient ordinairement par leurs jets ou coulants qu'il faut avoir le soin de détruire tant qu'ils ne sont pas nécessaires pour renouveler la plantation.

La plantation se fait en planches ou en bordures.

On donne aux planches une largeur de 1 m. 20 à 1 m. 30 et aux sentiers qui les séparent de 0 m. 40 à 0 m. 45.

Si on faisait les planches plus larges, on ne pourrait atteindre le milieu avec la main et alors on serait exposé à écraser le plant et les fruits.

On peut planter les fraisiers soit au printemps, soit en

automne ; il faut, quand on fait ce travail, éviter de laisser les racines se flétrir à l'air.

Les arrosages sont indispensables aux fraisiers.

Pour qu'ils se conservent toujours frais, il est nécessaire de les couvrir d'un paillis.

Maintenant que je vous ai montré comment votre table peut être bien garnie, ce qui n'est pas indifférent surtout à la campagne où le grand air excite l'appétit, je vais vous parler du jardin d'agrément.

LV

LE JARDIN D'AGRÉMEMT

Je me place au milieu du terrain sur lequel doit être construite ma maison.

A 50 mètres à l'ouest sont mes bois de chênes qui pourront, l'été, me servir de promenade et que je relierai à la maison par une plantation d'arbres d'agrément.

Au midi, mon jardin fruitier que je veux pouvoir toujours surveiller depuis le perron de mon habitation.

Dans la même direction, j'aperçois le clocher du village, dont la flèche se dessine admirablement sur les montagnes qui ferment le paysage.

Je n'ai pas besoin de vous dire que je me garderais de planter dans cette direction aucun arbre qui me privât de ce joli point de vue.

Nous appellerons cela *une échappée de vue* sur les montagnes.

A l'est se trouvent mes bâtiments ruraux que je veux aussi avoir toujours sous mes yeux.

Point de plantation aussi dans cette direction.

Mais entre la ligne qui va de la maison au clocher et celle qui va de la maison aux bâtiments ruraux, il reste un espace assez considérable où je peux planter des arbres et des arbustes qui rendront gais les environs de mon habitation.

Du côté du nord, je garde une vue sur mes vignes et mes prairies irriguées et je plante tous les espaces qui se trouvent entre cette nouvelle ligne et les précédentes.

Comment doivent être établies ces plantations ?

Je dois d'abord faire mon plan et ensuite le rapporter sur le terrain.

Quand mon tracé sera bien marqué, ma première opération sera de faire défoncer à la plus grande profondeur possible tous les massifs qui doivent être plantés d'arbres.

Si cette dépense m'effraye, je me contenterai de faire pratiquer pour mes arbres des trous de très grande dimension ; j'aurai le soin d'en garnir le fond avec la meilleure terre. Il est très important, avant de régler sa plantation, de bien étudier les espèces qui s'accomoderont à la nature du sol et au climat.

Il faut aussi, avant de fixer la place de chaque arbre, se rendre un compte exact des dimensions qu'ils devront atteindre plus tard, et, pour cela, on calcule à peu près l'espace qu'ils devront occuper à l'âge de 20 ans.

Pour obtenir par le mélange des feuillages, une harmonieuse symétrie, il est indispensable de prévoir d'avance l'effet que produira chacun des arbres plantés.

Pour que la vue d'un massif soit agréable, en un mot, pour que l'effet soit complet, il faut que le centre soit planté d'arbres et d'arbrisseaux d'espèces vigoureuses, la deuxième ligne d'espèces de vigueur moyenne et le pourtour de plantes poussant plus lentement et n'atteignant qu'une hauteur moindre.

Je recommanderai, 1° Pour les grands arbres, à feuilles caduques :

Le marronnier d'Inde, le peuplier blanc de Hollande, le platane, le vernis du Japon, le catalpa, le Paulownia, le tilleul à feuille argentée, le tilleul ordinaire, le bouleau pleureur, le bouleau ordinaire.

2° Pour les arbres de moyenne taille :

L'acacia, les érables, l'alisier, le sophora pleureur, le frêne pleureur, l'arbre de Judée, le sorbier des oiseaux, les cytises, les épines doubles variées.

Je crois inutile de parler des arbustes ou arbrisseaux dont la nomenclature se trouve dans tous les catalogues.

Pour les arbres verts :

PREMIÈRE GRANDEUR :

Mélèze, pin de Lord Weymouth, pinus excelsa, sapin des Pyrénées, sapinette ou epicea, pin sylvestre, cèdre de Virginie, cèdres du Liban, cèdre déodora, Wellingtonia, etc.

DEUXIÈME GRANDEUR :

If, arbousier, araucaria, genevrier, taxodier, tuyas variés, etc.

Je répète encore que dans les massifs, ces différentes espèces d'arbres doivent être bien alternés et placés non seulement suivant leur rang de taille mais aussi suivant leur vigueur.

Les espaces laissés entre les massifs, forment des parties unies, toujours vertes où l'on peut semer du ray-gras d'Italie ou bien des fourrages ordinaires.

Néanmoins, pour empêcher la trop grande uniformité des pelouses, on plante *isolément*, dans les parties où ils ne seront pas un obstacle pour la vue, des arbres qui produisent ainsi le plus gracieux effet.

On prend dans les meilleurs : *Le cèdre du Liban, le cèdre déodora, le Wellingtonia, le pinsapo, le séquoia gigantea, même les epiceas.*

Mais certains arbres, à cause de leur forme et de leur feuillage, demandent à être groupés par 3, 5, 6, 8 ensemble.

Au bord des pièces d'eau on pourra placer tous les arbres à branches pleureuses ou pendantes, *saules*, *frênes*, *sophoras*, *etc.*, et quelques touffes de *gynerium*.

S'il se trouve par hasard quelque vieil arbre à tige dénudée, on plantera à un mètre de son pied des plantes grimpantes : *clématites*, *bignones*, *aristoloches*, *vignes vierges*, *glycines*, *jasmins*, *rosiers de banks*. — Quand toutes ces plantes seront ramenées sur le vieil arbre qui leur servira de tuteur, tout cela formera un charmant bouquet de verdure et de fleurs.

C'est dans les pelouses, à quelque distance des massifs qu'on doit faire les corbeilles de fleurs, l'ellipse est la forme la plus gracieuse.

Quand on n'a pas de jardinier, il faut savoir se borner à quelques fleurs dont l'entretien est facile et qui ne demandent pas de grands soins.

Il faut toujours une belle plantation de rosiers qui peuvent être plantés à un mètre en tous sens en alternant un rosier franc de pied avec un rosier greffé sur églantier.

Aujourd'hui la fleur à la mode est le chrysanthème qui demande seulement à être changé de place au moins tous les deux ans et à être vigoureusement pincé pendant l'été pour être maintenu bas et en forme de buisson.

On a obtenu par les semis des variétés en nombre infini, portant des fleurs très élégantes qui ne ressemblent en rien aux chrysanthèmes d'autrefois.

Enfin je crois devoir vous recommander la culture du Dahlia.

J'ai pour ma part 400 variétés très belles que j'ai toutes obtenues au moyen de semis des graines de vingt variétés venues d'Angers.

Tous les ans je fais de nouveaux semis ; sur un terrain frais, bien travaillé et bien fumé, je jette au mois d'avril mes graines dans de petites raies distantes entr'elles de 80 centimètres.

Les deux tiers de mes dahlias de semis fleurissent dans l'année. Tous ceux qui sont simples ou médiocres sont immédiatement arrachés ; les autres sont marqués avec grand soin par ordre de mérite.

Chaque année sur les 500 ou 600 pieds nouveaux, j'obtiens de 50 à 60 variétés nouvelles que j'ajoute à ma collection après avoir éliminé les variétés les moins méritantes que je mets au rebut.

J'ai donc toujours 400 variétés de choix, dont la collection atteint tous les ans plus de valeur.

Le même terrain peut servir pendant plusieurs années, en ayant soin après avoir répandu du fumier à la surface, de le mélanger à la terre au moyen d'un défoncement de 50 centimètres renouvelé tous les trois ans.

Les dahlias doivent être plantés à 1 mètre 50 entre les rangs et à 1 mètre dans le rang.

Pour ne pas endommager les tubercules, les tuteurs doivent être en place avant la mise en terre des dahlias.

Il ne faut pas les planter de trop bonne heure parce que les premières fleurs viennent avec les grandes chaleurs de l'été et ne sont pas belles.

Il faut attendre la fin d'avril.

Pour ce qui concerne les petites fleurs que l'on peut soigner soi-même, elles doivent être placées le plus près possible de la maison en bordures au bord des pelouses.

16

LVI

COMPTABILITÉ AGRICOLE

Il me reste, mes chers amis, à compléter les instructions que j'ai essayé de formuler dans ces causeries.

Maintenant que tout marche sur ma propriété, il me reste à savoir au juste quelles sont les récoltes les plus rémunératrices et celles qui me mettraient en perte.

Il me faut donc connaître exactement le prix de revient des diverses cultures et des spéculations rurales auxquelles je veux me livrer.

Je ne peux y arriver que par une comptabilité exacte et par un inventaire annuel scrupuleusement dressé.

On doit raisonner sur les opérations réelles d'une exploitations de ferme et les suivre toutes pendant une année entière au moins, si l'on veut arriver à des résultats sérieux et concluants.

On connaîtra, chaque année, la cause exacte des pertes et la source des bénéfices.

On appelle *Débit* le montant des frais de toute sorte qu'exige une spéculation commerciale, industrielle ou agricole.

On donne le nom de *Crédit* à la valeur des produits qui sont fournis par ces mêmes spéculations.

Prenons pour exemple la culture du blé :

Le débit de ce compte comprendra tout ce qu'il dépensera en travail d'animaux et de main-d'œuvre, en engrais, en semences, en frais de récoltes et de vente des produits, en frais de fermage, d'assurances, d'impositions et autres dépenses générales.

Au crédit figurera seulement la valeur du grain et de la paille.

Le prix de revient de l'hectolitre de grain, c'est-à-dire ce que coûte l'hectolitre au producteur, s'obtiendra en retranchant du débit le prix de la paille et en divisant le reste par le nombre d'hectolitres récoltés.

Si le prix de revient est inférieur au prix de l'hectolitre sur le marché, le compte sera en bénéfice ; s'il lui est supérieur, il sera en perte et une simple multiplication indiquera le montant des bénéfices et des pertes.

Les sommes portées au débit du *Compte Blé*, figureront également au crédit des divers autres comptes.

Le travail des animaux sera dû à *attelages* ou compte des animaux de travail.

Celui des bouviers, des charretiers au compte *Employés*.

Celui des journaliers à *Main-d'Œuvre*.

La valeur des semences à *Caisse* si on les a achetées ou à *Magasin* si on les a prises au grenier.

Les engrais à *Caisse* si on les a achetés ou à *Engrais* s'ils ont été produits dans l'exploitation.

A son tour, engrais doit les fumiers à *chevaux, bœufs, vacherie, bergerie, porcherie*.

En procédant pour les divers comptes comme nous venons de le faire pour le blé, on obtient la situation exacte du propriétaire, on fait la *Balance générale*.

Les livres principaux de la comptabilité sont *le Journal et le grand Livre*.

Le livre-journal doit recueillir à la fin de chaque mois les notes contenues dans les livres auxiliaires.

Le grand-livre est formé de comptes séparés dont l'ensemble constitue la totalité des opérations de la ferme et met l'agriculteur en mesure de connaître la marche de ses entreprises culturales.

Comme au livre de caisse, le débit de chaque compte est à gauche et le crédit à droite.

Le but de la comptabilité est de préciser les prix de revient détaillés et totalisés ainsi que le gain et la perte de chacune des cultures et spéculations rurales.

Pour atteindre ce résultat, il est indispensable de tenir un certain nombre de comptes spéciaux, qui non seulement concourent à définir les frais et produits de toutes les entreprises de l'agriculteur, mais encore lui procurent les moyens d'améliorer son industrie au point de vue du rendement pécuniaire.

Ces comptes peuvent se classer ainsi :

1º *Comptes de travail.* — 2º *Comptes de culture.* — 3º *Comptes de spéculations agricoles.* — 4º *Comptes d'ordre ou de passage.* — 5º *Comptes particuliers.*

Les comptes chevaux, employés, main-d'œuvre, sont des comptes de travail.

Au débit des chevaux on porte les frais de nourriture ; soins médicaux, ferrure, entretien des harnais et rabais provenant de l'inventaire annuel.

On fait figurer au crédit la valeur des journées de travail et du fumier produit.

Les comptes culturaux servent à grouper au débit de chaque culture, toutes les dépenses qu'elles ont occasionnées et au crédit le montant en quantités et valeurs des produits de la récolte.

On appelle comptes de *spéculations* les comptes de basse-cour, de bergerie, de vacherie, de bêtes à l'engrais.

Leur débit se compose de tous les frais de nourriture, de garde, de vétérinaire, de transport, d'achat, de vente, etc.

Leur crédit est fourni par la vente des produits et la valeur des fumiers.

On appelle comptes d'ordre ou de passage ceux que le négociant crée dans le but de grouper par catégories distinctes ses frais ainsi que les entrées et sorties des matières et des espèces.

Instruments et outils. — Ce compte sert à relever les frais des opérations de l'outillage et le renouvellement des menus outils.

Ménage. — Le compte ménage sert à distinguer les frais occasionnés par les domestiques de ceux qui sont faits accidentellement pour les moissonneurs, pour les ouvriers d'état et enfin pour tous les gens étrangers à l'exploitation.

On sait ainsi ce qu'ont coûté par an et par jour la nourriture et l'entretien des domestiques.

Magasin. — Le compte magasin évite le transfert des consommations mensuelles aux comptes de culture.

Le total général des consommations est inscrit mensuellement au *Crédit* du *compte magasin.*

Les grains, pailles et fourrages achetés pour la consommation dans le courant de l'année, sont portés à son *débit.*

Caisse. — Le compte caisse résume : au débit *les entrées*, au crédit *les sorties* mensuelles des espèces.

La différence entre le débit et le crédit, représente la somme restant dans le coffre-fort à la fin de chaque mois.

Frais généraux. — Le débit de *frais généraux* se compose de toutes les dépenses qui ne sont pas imputables à un compte spécial de culture, de spéculation ou de frais.

Pertes et profits. — Enfin le compte *pertes et profits* réunit au débit toutes les pertes et au crédit tous les profits de l'exploitation.

La solde des pertes et profits donne le résultat définitif de l'année culturale et vient augmenter ou diminuer le capital de l'année écoulée, selon que cette année a été bonne ou mauvaise.

Capital. — Le capital est la représentation exacte de l'avoir du fermier et résume tout ce qu'il a et tout ce qu'il doit.

L'année culturale commence le 1ᵉʳ juillet et se termine au 30 juin de l'année suivante.

Les labours et ensemencements faits dans le cours de l'année comptable, portent le millésime de l'année suivante, puisque la récolte de ces produits ne sera faite que dans le courant de cette année.

Mais pour les fourrages qui sont récoltés au 30 juin, leur compte sera porté dans l'année comptable.

Quand on veut établir une comptabilité régulière dans une exploitation où il n'en existe pas, on est forcé de renoncer à l'exactitude des écritures pendant la première année, vu l'impossibilité d'évaluer avec précision les cultures commencées ou les récoltes sur pied.

On forme alors une situation provisoire ; on cherche à déterminer aussi approximativement que possible à combien s'élèvent l'*actif et le passif*.

L'actif ou capital brut, est formé :

1º Par la valeur des animaux et de l'outillage évalué à un prix modéré ;

2º Par la valeur des denrées en magasin, grains, vins, fourrages, paille, bois, engrais ;

3º Par la valeur des emblavures ou avances faites au sol en travail, engrais, semences ;

4º Par la valeur des immeubles, bâtiments et terres ;

5º Par les sommes dues par divers.

Ces cinq relevés donnent le débit de la situation provisoire.

Le montant des sommes dues à diverses personnes constitue le passif qui représente le crédit.

En retranchant du total de l'actif, le total du passif, on a le *capital net*.

Au 30 juin, fin de l'exercice, on dressera exactement les inventaires et on liquidera la situation provisoire en soldant tous les comptes par *capital*.

Le capital nouveau, les comptes créditeurs d'une part,

Et tous les comptes débiteurs nouveaux, d'autre part,

Formeront une situation nouvelle absolument exacte.

TABLE DES MATIÈRES

PAMIERS. — IMPRIMERIE TYPOGRAPHIQUE, J. GALY.

www.ingramcontent.com/pod-product-compliance
Lightning Source LLC
Chambersburg PA
CBHW071634200326
41519CB00012BA/2286